我宠爱的编织季

织 毛 衣

No.1 日韩风

王春燕 主编

Knitting

辽宁科学技术出版社
·沈 阳·

织毛衣 zhi mao yi No.1

Contents

【拍摄现场合影……4页

【新款设计服装展示……5页

【编织小故事……80页

【新款设计特别推荐服装展示……82页

【编织者介绍……102页

织毛衣
No.1
《织毛衣》编辑部
主　编　王春燕
主　审　赵敏超
摄　影　高雅　李亚林　周海
书籍设计　张卫华　曾玲梓　李艳红

田园诗编织家
田园诗编织家系列丛书作者王春燕
编织交流QQ：1104753734

【拍摄现场合影】

拍摄现场 ING

拍摄现场资深毛衣设计师王春燕老师与模特合影

手工编织毛衣从20世纪的厚重、单调中挣脱出来,被重新打上人文、低碳、个性、怀旧的标签。我们在每件毛衣作品中融入了现代服装流行元素,纤臂、收腰、花边、皮草……让简单易学的针法随性演绎出各种时尚风情,军装感、学院派、波西米亚风、复古、混搭、日系……每款作品或多变、或多穿,兼顾易学、实用、合体、时尚四大原则。

缠绵的彩线,欢歌的毛衣针,上演着一幕幕醉人的纤指芭蕾。从现在开始,只要一斤毛线,四根毛衣针和一个慵懒的午后,再加上一点点耐心,就现在,把这束阳光,连同轻柔的缕缕咖啡浓香,一起编织进我们缤纷的生活……

4

The best Look

在室外或不够温暖的时候戴上厚厚的帽子，足以挡住冷风。

冬天即使我们穿得再厚重，依然还是可以找到巧妙的方法让我们看起来更加轻盈妩媚，比如，挑选毛衣的时候，在流苏和粗棒针质地的对比下会显得格外柔美可人。

流苏短袖帽衫

织法见：115

设计师：王春燕
设计时间：清晨
手工毛衣价格：650RMB
大约多少针：9700针
编织用时：3天

5

The pursuit

一团毛线，几根棒针

一次轻装旅行 给自己一个假期，放松自己……

用时尚混搭
扫除墨守成规

军装感 × 小坎肩 × 碎花裙 × 大针织

本季流行的厚披肩非常适合用来搭配可爱的连衣裙，可爱的蓬蓬裙摆，正好可以遮盖大腿最粗的部位，上身厚披肩与下身细小腿的对比，也让整个人看起来瘦了一圈，在冬日的厚衣人群中，格外娇小甜美！

设计师：王春燕
设计时间：下午
手工毛衣价格：758RMB
大约多少针：33000针
编织用时：7天

创意波浪边披肩

织法见：116

The most
dazzling

设计师：王春燕
设计时间：雪后
手工毛衣价格：690RMB
大约多少针：27600针
编织用时：10天

皮草开衫
织法见：117

皮草感花纹被时尚份子捧得大红大紫，秋冬亮相的皮草开衫更是被封为万能单品，一扫冬天的沉闷和厚重，段染线将鲜明颜色营造出青山绿水般的快乐温暖质感。让我们走上街头，看看明星们的秋冬装扮，穿出大牌感不是难题哦！搭配短裙、铅笔裤，都ok！

紧袖短上衣

织法见：118

设计师：王春燕
设计时间：晨起
手工毛衣价格：760RMB
大约多少针：36000针
编织用时：10天

LOVE
In the winter

这个冬季最实用的单品是什么，那一定是超好搭的开衫或披肩，无论搭连衣裙还是裤装，都将成为冬季的百搭圣品。最重要的是，这种厚暖的手织服装无论内搭还是外穿都一样精彩，让你脱掉外套也不尴尬。

特殊设计的纤臂效果发挥着超强的显瘦功能，冬季不可不备！

不对称门襟上衣

织法见：119

设计师：王春燕
设计时间：上午
手工毛衣价格：780RMB
大约多少针：26000针
编织用时：10天

Beautiful
Different

潮流女孩们当然不会落下这辆时尚"头班车",早早地将明媚感的春装穿上了身,借助毛衣的温暖,不必理会初春偶尔吹来的小风。

怀旧!怀旧!军装感、赫本的圆点裙、圆顶帽,整个人也如同被"解冻"了一般。

螺旋凤尾背心

织法见：120

设计师：王春燕
设计时间：子夜
手工毛衣价格：600RMB
大约多少针：14300针
编织用时：3天

Temperament

如何让略显笨重的编织品轻盈性感起来？还是让镂空和巧妙设计当道吧，让毛衣也可以呈现出薄如蝉翼般的性感特质，再加上细节处增加的跳跃感，在款式变化上透着自由和随性的味道，这种低调华丽备受都市女性的喜爱。

手工编织品作为温暖牌，一向是冬季必备。

秀色皮草开衫

织法见：121

设计师：王春燕
设计时间：日落
手工毛衣价格：760RMB
大约多少针：22750针
编织用时：14天

Impressive

手工编织品是每个女孩秋冬衣橱里的
必备单品，是我们日常穿着的百搭好
友。这样一个"好脾气"的衣橱爱
宠，怎样才能穿出潮流感并穿出百分
百星味呢？还是让当红的时尚糖果色
来助阵吧，再加上皮草效果。

**每个女孩，都可以示范出属于
自己的个性潮味。**

大翻领军装

织法见：122

设计师：王春燕
设计时间：黄昏
手工毛衣价格：780RMB
大约多少针：33000针
编织用时：10天

街头运动风是很多率性女孩喜欢的风格，打造深秋完美的街头LOOK，其实一个要点就可以轻松掌握，那就是足够保暖的手织羊毛开衫搭配紧身下装！飒爽秋风迎来新季摩登风潮，优雅夺目秋趣盎然。经典罗纹、优雅平针、华美拧花大翻领等一系列跃动的粗棒针织法交错新生，光影浮动中，秋日摩登女郎整装待发。

Sense of uniforr

设计师：王春燕
设计时间：雪后
手工毛衣价格：620RMB
大约多少针：33000针
编织用时：7天

创意小帽披肩

织法见：123

Lovely cape

换上毛织品就等于宣告和夏日正式说再见了！宽松的款式更好地反衬出女性的娇小美感，披肩下搭配任意裙装和裤装，让你的腿部看起来更纤细修长。这个秋冬，利用毛衣穿出不同于旁人的时髦造型，帅气酷感让你的回头率马上up！

新一轮的寒流又来袭了，保暖的糖果色披风又开始出场！

设计师：王春燕
设计时间：雪后
手工毛衣价格：600RMB
大约多少针：20275针
编织用时：3天

小巧帽衫

织法见：124

Ple

淑女感 × 小坎肩 × 点点衬衫 × 小帽衫

Pleasantly surprised

santly surprised

设计师：王春燕
设计时间：黄昏
手工毛衣价格：780RMB
大约多少针：36000针
编织用时：14天

T

his style is very popular
at the moment

超模皮草披肩

织法见：125

混搭时尚

皮草感成为时下既流行又实用的元素。色彩渐变加上毛绒绒的触感，充满温暖感，第一眼就会深深爱上它。毛线织成的皮草感，浪漫如中国水墨画，与雪纺互搭并诠释出一份唯美、悠扬而又带着甜蜜幽香的视觉时尚。

设计师：王春燕
设计时间：深夜
手工毛衣价格：680RMB
大约多少针：26500针
编织用时：10天

网格花蕾美衣

织法见：126

llow you to roam in the endless romantic emotion

✳宁静祥和

如杜鹃花绽放般宁静祥和。镂空、束腰等元素在冬日上装中翩翩起舞，永不落伍的时尚感解析出轻熟女的穿衣之道：那就是，张狂不羁中加一丝丝的甜美可爱感，而这种偏韩国服饰感的设计更受MM们的喜爱。

设计师：王春燕
设计时间：清晨
手工毛衣价格：680RMB
大约多少针：23000针
编织用时：10天

＊手工毛衣是潮人们的衣橱爱宠

手工毛衣是潮人们秋冬的衣橱爱宠，一方面是它贴合身体的舒适感，另一方面是它有百搭天王的美名。事实上手工毛衣如同雕塑家一般贴心，原原本本将你的好身材包裹得恰到好处。

*W*ake up the overall
shape layering

方领双排扣上衣

织法见：127

时尚从来都是不拘一格，不同的风格
总是有自己的风向。这款手工毛衣的
风格走向看起来还是选择可爱的成分
要更大一些，军装感双排扣，可爱的
米其林泡泡袖，更加突出毛衣的现代
感，整体看起来精美绝伦。

设计师：王春燕
设计时间：雨夜
手工毛衣价格：720RMB
大约多少针：23000针
编织用时：10天

*甜美气势

毛线也可以编织成潮味十足的单品！既保暖又甜美可人。今季最潮的保暖时尚皮草小天王，一次次发挥自己的想象，呈现一浪高过一浪的甜美气势。

Show the best of yourself in the depressive winter

皮草美衣

织法见：128

无论T台还是生活，手工编织的个性服装都会在你的方方面面上演一幕幕Fashion Show！因为这不只是一款服装，同时还是一件手工艺术品。集精美、合体、修身、时尚、个性、人文、保温于一身，让工业化大批量出产的过于平白的服装甘拜下风。

Fresh and natural

设计师：王春燕
设计时间：雪后
手工毛衣价格：720RMB
大约多少针：25000针
编织用时：10天

Garden style

女爵小立领开衣

织法见：130

设计师：王春燕
设计时间：午后
手工毛衣价格：750RMB
大约多少针：26500针
编织用时：14天

细腻心领上衣

织法见：131

设计师：王春燕
设计时间：上午
手工毛衣价格：760RMB
大约多少针：27000针
编织用时：14天

Modern Fashion

嫩粉紧袖上衣
织法见：132

设计师　王春燕
设计时间　日落
手工毛衣价格　650RMB
大约多少针　30100针
编织用时：7天

设计师：王春燕
设计时间：下午
手工毛衣价格：620RMB
大约多少针：14000针
编织用时：3天

花朵罩衣

织法见：133

Fashion Time

休闲时尚
日系演绎

日韩风 毛衣

这款花朵罩衣，休闲时尚。整体都是由单个花朵拼接而成，个性有型，日系感觉强烈。镂空规则设计，增强时尚酷感。无论是上班通勤，还是逛街出游，都是极佳的搭配单品，搭配上以紧身短裙加窄脚板鞋为最佳。对于外套的选择更是多不胜数，绝对百搭。

Little Honey

如果你记忆中的毛衣还是当年那个躲在棉服里臃肿的身影，那么，你落伍了，看看精选的时尚款毛衣，你会发现，原来毛衣也可以优雅迷人。圆领的手工毛衣打破传统毛衣的单一造型，贴身舒适，拉长身材比例，腰部的花纹设计更是有瘦腰效果，粉红色打破冬季暗色的单调，俏皮的礼帽为整体造型提气不少。

设计师：王春燕
设计时间：深夜
手工毛衣价格：680RMB
大约多少针 29000针
编织用时：7天

设计师：王春燕
设计时间：深夜
手工毛衣价格：800RMB
大约多少针：24000针
编织用时：10天

44

Fashion Time

古典优雅
气质演绎

日韩风
感觉

冬日中的毛衣，总让人想起爱人温暖的怀抱。亲和舒适，温柔的质感，极富女性魅力的多重变化元素，毛衣永远是冬季时令搭配的主打。柔软毛衣以肩部独特的皮草设计，将成熟女性含蓄内敛的气质绵绵表达。纤臂瘦腰效果是MM的最爱，纯色毛衣更注重款式，别致的款式可以穿出浓浓女人味。

多穿迷你裙

织法见：136

可爱甜美
笑容演绎

Vanguard

日韩风
搭配

时尚的步伐受不了稍有懈怠的变化，总要以新的形式对昨日进行革命与挑战，有时是穿着方式上的改观，有时是衣饰内容上的变化。这款手工毛衣又能当披肩又能当裙子，聪明的MM怎么能错过如此一举两得的好事呢？

设计师：王春燕
设计时间：午后
手工毛衣价格：600RMB
大约多少针：12800针
编织用时：3天

U形开衣

织法见：137

优雅气质
韵味演绎

Fashion

日韩风 开衫

秋天悄然而至，凉爽的早晨披上一件薄薄的毛衣小套件，不但温暖而且倍添淑女气质，让初秋的你优雅且性感。毛衣小套件秋季依然以"短"为主题，用各种楼空、圆角、珠片、交叉等元素来展现它不同的风格与雅致。

设计师：王春燕
设计时间：傍晚
手工毛衣价格：650RMB
大约多少针：17500针
编织用时：7天

精致半袖斗篷

织法见：138

Popular
Time

俏皮青春
清纯演绎

日韩风
皮草

毛衣在冬季中的穿着高频率，决定了它在冬季服装中主角的地位，各式各样的毛衣根据各色单品就能搭配出另类的时尚感与气质，让整个秋冬变得张狂不羁，另类前卫。手工毛衣是冬季的必备单品，可以在秋冬任何时间地点场合展示与众不同的迷人风情。

设计师：王春燕
设计时间：雪后
手工毛衣价格：660RMB
大约多少针：16000针
编织用时：3天

贵族礼服

织法见：139

Fashion
Time

时尚大牌
摩登演绎
日韩风
外套

今季大牌的外套特征非常明显，只要掌握住几个重要的流行点，你也可以轻松变成时尚潮人。飞行员外套是今年备受潮女追捧的单品，硬朗的线条搭配柔美感的领部，甜辣MIX最潮。军装风外套也是风靡整个冬季的必备单品哦。

设计师：王春燕
设计时间：晨起
手工毛衣价格：800RMB
大约多少针：31000针
编织用时：14天

冰岛风格高领衫
织法见：140

冬季恋衣

A better life

Camouflage

Main point

"千年极寒"一出，本季，厚重的手工编织毛衣十分流行，在搭配上无论是配合裙装、牛仔裤还是直接搭配性感长袜，都得体大方。手工编织毛衣既能搭配出上班族的干练，又不失女性的优雅气质，无论是上班通勤还是出游逛街，都是不错的选择。

设计师：王春燕
设计时间：雪后
手工毛衣价格：620RMB
大约多少针：15000针
编织用时：10天

The best
spectacular

每个女孩都期待着自己的出街装扮如同时尚明星般夺目，在冬季，温暖感和时尚感兼备的毛衣就成了潮流女孩们必备的单品。

羊毛般可爱的圈圈毛线，可以展现出皮草的高贵感，一件手工毛线皮草的套头衫足以闪耀出皮草毛衣的华丽光芒，即便随意搭配一套简单的深色长裙或牛仔裤，都可以立刻展现潮人的先锋味道。如果你怕皮草带来的重量感，也可以选择小面积的分布，随意出现在肩头、下摆或是长围巾的边缘都是惊喜感十足的明星味装饰。

设计师：王春燕
设计时间：上午
手工毛衣价格：680RMB
大约多少针：23500针
编织用时：7天

高腰修身上衣
织法见：141

印巴风情半袖衫

织法见：142

忽冷忽热的天气，不如常备一件略大的短袖
手工编织毛衣，既可以内搭漂亮的T恤或衬
衫，也可以将小肚腩和肥硕的大腿通通藏起
来隐藏臃肿的身材问题……

The best
inviting

设计师：王春燕
设计时间：日落
手工毛衣价格：600RMB
大约多少针：29000针
编织用时：3天

夏末秋初是个清爽的季节，可是对于搭衣来说却是一个尴尬时刻。穿着太清凉会容易着凉，穿得过多未免显得臃肿，所以我们就要拿出我们的初秋法宝！手工编织毛衣开衫、镂空罩衫、毛衣短外套等都是不错的选择哦！

The best
unique

充满女人魅力的外套亮丽夺目，外套让各位潮女分外有魅力，温暖的外套穿起来一点也不显得臃肿哦！

型女们充满了张扬个性和独特的个人魅力，在这样的季节中，给人以坚毅强烈感觉的手工编织毛衣夹克型外套又一次成为了众多型女的大爱。刚柔并济的气息，带有中性感十足的花叶点缀，呼应当下流行趋势，与女性特有的内在气质相结合，散发出独特的时尚感觉。

樱桃花叶披肩

织法见：143

设计师：王春燕
设计时间：子夜
手工毛衣价格：680RMB
大约多少针：30000针
编织用时：10天

可爱小托尾服

织法见：144

粗织毛衣也是今年秋冬的流行坐标之一。在款式上略偏休闲，这组温和的奶白色毛衣，软羊毛的质感给人贴身舒适感，设计的多元化，让毛衣不但温暖如春，而且富有浪漫气息，让你在这季化身为千面女郎。

The best
attractive

设计师：王春燕
设计时间：清晨
手工毛衣价格：760RMB
大约多少针：32000针
编织用时：14天

最为时髦的装扮是一份好的心情，而好心情也可来自好装扮，彼此影响，互相提升！

外翻门襟开衣

织法见：145 想要与众不同，设计感与细节感非常
重要。早秋时节，有一件有细节设计
的上衣可是夺人眼球的关键哦！

The best
creative

设计师：王春燕
设计时间：雪后
手工毛衣价格：680RMB
大约多少针：27000针
编织用时：10天

成熟可爱的搭配是最考验功力的，你要在给人稳重感觉的同时还不丢失女孩的清新纯真，短款手工编织毛衣外套今年超流行哦，黑色蝴蝶结小腰带百搭又潮流，嫩红色裙子充满了春天的活力、清新气息，头上的墨镜则是点睛之笔。

曼妙公主上衣

织法见：146　后背采用跟正面同样的设计元素，前后呼应，
整个裙摆的下方，设计了统一的花纹元素，大
方而不单调。

The best
fascinating

设计师：王春燕
设计时间：午后
手工毛衣价格：680RMB
大约多少针：29000针
编织用时：14天

无论是长款的粗棒针，还是针织连衣裙，都是冬季的百搭圣品。正面和手臂两侧设计有两竖道的V字形的花纹，整体拉长，立体感超强。搭配窄腿牛仔裤或高筒靴还有超强的显瘦效果。

低领高腰毛衫

织法见：147

这款手工编织毛衣无论内搭还是外穿都一样精彩，让你脱掉外套也不会显得单一毫无特色。搭配leggings和窄腿牛仔裤还有超强的显瘦效果，是我们冬季的必备单品哦！

The best
Vitality

设计师：王春燕
设计时间：清晨
手工毛衣价格：690RMB
大约多少针：24000针
编织用时：7天

皮草镶边领的大V领毛衣，将一贯的高品质和最前沿的流行趋势结合，简约帅气的段染线搭配，超瘦的腰身设计感，在细节处增加跳跃感，在款式变化上透着自由和随性的味道，这种低调华丽都备受都市女性的喜爱。

织法见：148

D
灯笼袖风尚披肩

Deng long xiu feng shang pi jia

Denglongxiufengshangp

Deng long xiu feng shang pi jian

设计师：王春燕
设计时间：下午
手工毛衣价格：780RMB
大约多少针：35000针
编织用时：14天

an

织法见：149

简洁小开衫

设计师：王春燕
设计时间：清晨
手工毛衣价格：620RMB
大约多少针：24000针
编织用时：7天

Jian jie xiao kai shan

Jianjiexiaokaishan

Jian jie xiao kai shan

织法见：150

直袖皮草衫

设计师：王春燕
设计时间：清晨
手工毛衣价格：720RMB
大约多少针：23500针
编织用时：3天

Zhi xiu pi cao shan

Zhixiupicaoshan

Zhi xiu pi cao shan

设计师：王春燕
设计时间：午后
手工毛衣价格：730RMB
大约多少针：24000针
编织用时：10天

织法见：151

P
皮草开衫

Picao kai shan

Pi cao kai shan

织法见：152

W

围巾式短披肩

设计师：王春燕
设计时间：子夜
手工毛衣价格：760RMB
大约多少针：25000针
编织用时：7天

Wei jin shi duan pi jia

Weijinshiduanpijian

Wei jin shi duan pi jian

织法见：153

短摆连衣裙

D
Duan bailian yi qun
Duanbailianyiqun

Duan bai lian yi qun

设计师：王春燕
设计时间：雪后
手工毛衣价格：620RMB
大约多少针：28000针
编织用时：14天

编织小故事

*欢迎广大编织爱好者踊跃投稿

征集说明：现面向全国征集优秀编织小故事，请将您的故事通过 E-mail发送到我们的邮箱，一经采用将出版于全国发行的编织书中，同时赠送附有您作品的图书。

投稿E-mail：473074036@qq.com

投稿要求：
①作品须本人真实故事
②作品要求字数在300字内。

编织达人戚桂芝

2012年初夏的某一天，我专程拜访了河北省唐山市的编织达人戚桂芝。之前曾多次听人介绍，但是百闻还是不如一见。戚女士看起来50多岁，但是人很精神，特别是跟她聊聊编织，那她更是热情满满，一会工夫，就把柜子里收藏的编织作品都摆了出来。戚女士说，她的好多好多作品都被亲朋好友要走了，现在手里的，大约只有自己特别喜欢的，和近期才织好的了。

戚桂芝是唐山市退休女工，2010年第八届中国（滨州）国际家纺文化节暨首届中国国际服饰文化博览会银奖获得者。2011年，由戚桂芝手工纺织而成的参赛作品"乌龟一家亲"，在"张謇杯"2011年中国国际家用纺织产品设计大赛上，在3124件作品中获优秀奖。

戚桂芝的编织生涯从6岁开始。那时在老家，村里手巧的女人很多，八九十岁的老太太也能拿起钩针钩出鲜活的花朵、漂亮的帽子。小桂芝坐在她们中间，学着她们的样子，静静地织啊、钩啊。长大后，逢年过节，戚桂芝常将自己编织的毛衣、围巾、帽子、手套送给亲

朋好友。

戚桂芝不拘泥老样子、老织法，她认为，时下人们求新求异，追求个性，钩、编衣物的式样也要不断创新，体现编织者的审美眼光。她留心街头流行的时尚元素，从电视、杂志中观察人们的情趣变化，潜心探索编织技艺。几年来，她设计的毛线

帽、围巾样式，在天津、山东等地流行开来，有些产品还打入东北市场。一些编织厂商慕名上门求教，有的欲高薪聘请她搞设计加工。在那次文化博览会上她创作并加工的一套黑灰色相间的毛线帽子和围巾从来自国内外的1300多件参赛作品中获银奖。

小小钩针为戚桂芝搭建起一个结交八方朋友的平台。一些下岗女工想搞编织加工，慕名登门求教，戚桂芝总是将自己摸索出来的编织心得和技巧毫无保留地传授给大家。在山东滨州参加比赛时，她结识了不少山东朋友，许多农村妇女按她设计的样子钩织加工时尚毛线帽。在唐山市妇联组织的妇女发展创业技能培训班上，40多名学员，年龄最大的76岁，她手把手耐心地教，几位从没拿过钩针、毛线针的人竟钩出了漂亮的帽子，学会了织围巾。

戚桂芝有一位未见过面的特殊朋友。他是一名服刑少年，从小失去母亲，家中只有老父一人。2010年2月，他给戚桂芝写来一封信，向戚桂芝提出一个请求：为父亲编织一件生日礼物。戚桂芝特意买来毛线，织了一条围巾、一双袜子，邮寄给他的父亲。不久，这个少年在来信中说："是您，让我心灰意冷的心变得温暖，让我看到了未来！我发誓一定好好改造，争取早日减刑，回归社会，对得起您及我父亲和所有关心爱护我的人！"这个少年的来信，戚桂芝一直整整齐齐地保存着。少年父亲的生日又要到了，戚桂芝准备再为他的父亲编织一件礼物。

手工编织毛衣兼具时尚性和保暖性
是每个冬季MM们衣橱里必备的单品

看似简约的纯色手工编织毛衣加上了时下流行的皮草设计元素，加上模特额前可爱的小红发夹和下身的小红短裙，瞬间便很时尚。让MM轻松便能知道其实纯色毛衣也能搭出不一样的chic味道，时尚满分哦！

好可爱！！
(*≧▽≦*)

怕两边绑麻花辫子显得老气？不妨把后面的头发弄在额头前用发夹夹好，即时尚又可以显得脸瘦！

红色蝴蝶结装饰可爱而不乏味，绿色框架眼镜更是点睛之笔！

泡泡袖皮草上衣

织法见：154

稀松的皮草针法保暖而不厚实，是爱瘦MM冬天的必备单品！

特别推荐

推荐理由：手工编织毛衣兼具时尚性和保暖性，是每个冬季MM们衣橱里必备的单品。

Fashion charm

设计师：王春燕
设计时间：黄昏
手工毛衣价格：800RMB
大约多少针：24000针
编织用时：7天

Sweet and romantic

So sweet

后开叉小西装

织法见：155

寒冷冬日谁也无法阻挡厚毛衣带来的温暖，手工编织毛衣天生的亲和魅力总能出现在时尚街头。优雅迷人的中长款开衫绝对是MM们必不可少的搭配。搭配铅笔裤、锥形裤展现完美身材比例，搭配飘逸长裙复古优雅。

设计师：王春燕
设计时间：傍晚
手工毛衣价格：398RMB
大约多少针：28000针
编织用时：10天

大组的麻花和星星点点的小球球加以下摆的小开叉设计，也为整个冬日增加了一大亮点。

腰部花纹的设计及造型独特齐腰部以上的开衫，绝对是修身腰部的最佳单品。

毛领开衫

织法见：156

设计师：王春燕
设计时间：日落
手工毛衣价格：780RMB
大约多少针：34000针
编织用时：10天

简单并不一样不时尚，韩系搭配向来休闲而随意。把简单的衣服搭配得不简单，才是功力哟。气质搭配是重点。

秋冬日常穿着，柔软又温暖的毛衣必不可少。而百搭的开衫更是MM们的首选，前门襟时尚的皮草感设计，马上为单调的灰色系提升了层次感，袖部下方和前门襟一片垂下的下摆镂空的花纹交相呼应，而腰部宽条纹的设计和背部复古感的麻花设计也把腰身瞬间拉长，也让单调的灰色整体感上升，是打造名媛气质的绝佳法宝。

FASHION TIME

特别推荐

推荐理由：秋冬日常穿着，
柔软又温暖的毛衣必不可
少。而百搭的开衫更是MM
们的首选。

Exotic

Lovely
garden

短袖花边美衣

织法见：157

在复古风大热的当季，镂空毛衣又一次跳入人们的眼帘。腰部镂空的效果与下摆优雅的凤尾花相结合，显得下半身更加修长，搭配裙装和裤装都是一样的精彩！

设计师：王春燕
设计时间：午后
手工毛衣价格：660RMB
大约多少针：21000针
编织用时：7天

想让腰变得纤细？不妨试试腰部的这种针法，可以让你的小细腰更纤细百倍。在镂空若隐若现的效果中隐约的显露出你的肌肤，让你在不经意间展现你的魅力。

宁静祥和，安静的空气里透出了高贵的味道……选择了跟毛衣同样色系的白色珍珠耳饰，彰显你的迷人风采。

特别推荐

推荐理由：腰部的瘦感
设计，是很多MM想变小
细腰的必备单品。

Lovely garden

设计感、装饰感的复古毛衣

简单搭配就能变身时尚达人，颈部垂下有层次感的围脖既能保暖又可只做装饰。

这也是设计的小心思，而相比背后大片的花纹，就让整体感立即提升，也是时尚达人的首选款。

皮草感围巾又可以当披风，就算寒风再大也无所畏惧！

皮草时尚披肩
织法见：158

设计师：王春燕
设计时间：深夜
手工毛衣价格：680RMB
大约多少针：32000针
编织用时：14天

Impressive

设计师：王春燕
设计时间：晨起
手工毛衣价格：680RMB
大约多少针：39000针
编织用时：10天

寒冷冬日谁也无法阻挡厚毛衣带来的温暖，毛衣天生的亲和魅力总能出现在时尚街头。肩部的肩章灌满小球球一直延伸到手部和前门襟交相呼应，后背加以些许的镂空感设计和永不落后的凤尾花，是邻家MM必不可少的哦！

特别推荐

推荐理由：参加朋友聚会的毛衣小礼服。是邻家MM必不可少的哦！

多变开衣
织法见：159

Eyebrows

前门襟大片球球的设计元素，颠覆以往的简单朴素。

简单大方，高贵而又优雅

一件毛衣看似简单，但是其不同时期的款式随着时尚的脚步循环往复。

简洁围巾式披肩
织法见：160

特别推荐

推荐理由：简单大方，高贵而又优雅。瞬间就能提升个人气质。

设计师：王春燕
设计时间：雨夜
手工毛衣价格：780RMB
大约多少针：26000针
编织用时：14天

Elegant intellectual

特别推荐

围巾式多变披肩

织法见：161

毛衣是冬季里的绝对主角，既保暖又适宜搭配，而皮草感毛衣作为温暖牌，更是冬季必备。敞开式的高领加以大片的皮草，富贵而又时尚，而齐腰的皮草感设计避免了略显笨重的皮毛，让腰部显得纤细，这也是本季设计师的又一功课。

设计师：王春燕
设计时间：子夜
手工毛衣价格：680RMB
大约多少针：25000针
编织用时：14天

特别推荐

推荐理由：齐腰的皮草感设计避免了略显笨重
的皮毛，让腰部显然纤细。

披肩马甲多变围巾

织法见：162

如果你记忆中的毛衣还是当年那个单调毫无特色的身影，那么，你落伍了，看看精选的时尚款毛衣，你会发现，原来毛衣也可以这样时尚百搭，款式多变！纯色毛衣胜在颜色与款式，前门襟大片的麻花加可爱的小球球，后背下摆选择小面积的流苏，搭配出小女人的优雅风格。

设计师：王春燕
设计时间：上午
手工毛衣价格：660RMB
大约多少针：23000针
编织用时：3天

后面的点点流苏，很有波西米亚的影子……

前面扣扣子穿法……

特别推荐

推荐理由：一条围巾多种穿法，是衣柜里的百搭法宝。

绝对抢眼！！

Wild fashion

| Romantic |

特别推荐

So Romantic

护腰披肩
织法见：163

任凭时尚怎样变化，手工编织的毛衣仍是不少女性心中之爱。下摆的凤尾花最能展现女性柔美，前门襟可爱的小球球也成为一大亮点，而且可以上下颠倒来穿，又是另一风情。

设计师：王春燕
设计时间：日落
手工毛衣价格：680RMB
大约多少针：24000针
编织用时：10天

简单大方的层次搭配让这款披肩显得格外特殊，多穿的百变风格让许多女孩异常喜爱……

是不是很有风情……

【编织者介绍】

设计师：王春燕
设计时间：清晨
手工毛衣价格：800RMB
大约多少针：27000针
编织用时：10天
编织者：周士珍

编织与我：在那个物质短缺的年代，生活是一成不变的灰色，当年那些青春英武的女青年，内心一样有着小姑娘热爱生活改变生活的情怀。编织在年轻姑娘中悄悄地流行着。没有毛衣针和毛线怎么办？不怕，办法总比困难多，用身边现有的条件，就地取材。于是，筷子被修成毛衣针、粗铁丝被磨成钩针、白色劳保线手套和口罩带儿被拆成一缕缕细线……

生活似乎变得丰富了，8小时以外、劳动之余，姑娘们巧手如飞，轻拨细捻，毛衣针欢歌、钩针扭动摇摆……悄悄的，精美的花边儿领子小心翼翼地从军便服里翻出来，映衬着一张张青春逼人的脸庞；精致的小背包代替了风格平平的绿军挎，骄傲地接受着不断投来的羡慕的目光；小伙子们白汗衫外面罩上了鸡心领毛背心。那是当年最最流行的时尚男装，如同《山楂树之恋》里的男主角。

用旧毛衣拆出的弯弯曲曲的毛线被重新烫直，团成一个个结实的毛线球，重新织一件新花样的漂亮毛衣吧！烫毛线剩下的各种颜色的水也不能倒掉，要用来染那些拆下来的白色棉线，晒干后，苍白得没有一丝生气的棉线被染成了淡淡的粉色、温温的橘色、润润的绿色，如现今流行的糖果色一般可人，粉绿、粉蓝、粉紫。

用这些彩线钩出的一方窗帘，让少女萌动的心思半遮半挡；碗柜上的挡帘将清苦生活中的点点美好无限放大并尽情流露；床上的被罩将那个年代的一切温情和对未来的种种期许统统留在家中。这是与编织结下的前生今世的情缘。

周士珍

设计师：王春燕
设计时间：子夜
手工毛衣价格：680RMB
大约多少针：25000针
编织用时：14天
编织者：王俊萍

王俊萍

编织与我：60后和70后的爱情似乎靠编织传情达意，如果一个姑娘给一个小伙子织件毛衣，这说明他俩的婚事八成儿成了。如果中途出现变故，倔强的姑娘一定会要回毛衣，回到家二话不说，疯狂地将它拆掉，针针线线，回回转转，耗时一个多月几万针织成的毛衣，十分钟变成了一堆"方便面"，痛快！发泄过后重新开始，与那段感情说再见。如果婚事成了那就另当别论了，这件毛衣无疑是两人爱情的纪念，多年后，无论换了几次大房子，无论衣橱里有多少名牌儿，总要给那件毛衣留个位置，永不丢掉。

设计师：王春燕
设计时间：黄昏
手工毛衣价格：780RMB
大约多少针：36000针
编织用时：14天
编织者：张冬秀

张冬秀

编织与我：在编织的日子里，我是快乐的。在这个平台上，我们不断地总结、积累、进步！从知道的少到多到精，即丰富了我们的生活，又得到了锻炼，在今后的日子里，希望能和姐妹们协手并肩再创新的辉煌，谢谢这个团队，再要谢谢王老师给我们搭建的这个平台。再次说声谢谢！

设计师：王春燕
设计时间：深夜
手工毛衣价格：680RMB
大约多少针：32000针
编织用时：14天
编织者：李晶晶

李晶晶

编织与我：编织带给人的成就感和幸福感，只有深深体会过才知道。当时光被绞进缕缕毛线，当毛衣针幻化成指挥棒，生活的乐章悠悠响起，伴着袅袅咖啡浓香……低回哀婉的大提琴可能是隐隐的伤口；但钢琴在高音处一遍遍欢快地重复着幸福往惜；单簧管悠扬地讲述着那次美丽的邂逅；这一切都是生活所给予，似乎只有在编织时、心静时，这些场景才会一幕幕回放。在欢愉的氛围中，伤感小得可以被忽略不计，而幸福，被无限放大并一次次回味。

张惠蓉

编织与我：我叫张慧蓉，是一名退休不久的企业职工，刚刚走下工作岗位的时候，心情非常烦躁，就像一个突然失去母亲的孩子一样无助。在一个偶然的机会，我接触到了咱们的编织人员，当我看到她们织的毛衣是那样新颖、漂亮，我也跃跃欲试，在老师的指导下，一件件精美的艺术品在我的手中诞生，哇！好美，好有成就感！在动手、动脑的同时，即不耽误家务，又增加了收入，又认识了很多姐妹，真是一举三得的美事。我会一直编织下去，不仅是为了自己，也是为了带动更多的姐妹加入到我们的队伍中来，实现自己的人生价值。

设计师：王春燕
设计时间：雨夜
手工毛衣价格：780RMB
大约多少针：26000针
编织用时：14天
编织者：张惠蓉

设计师：王春燕
设计时间：晨起
手工毛衣价格：780RMB
大约多少针：32000针
编织用时：14天
编织者：张惠蓉
编织者：张冬喜

编织与我：从小就喜欢编织，喜欢编织神奇的力量，成年之后由于工作生活的忙碌，编织在我的生活中渐渐搁浅了。在退休以后，打算重拾编织的美好回忆，再触碰当时的一针一线，都带我回到了那个让我梦绕魂牵很容易脸红的时代。一件件创意的毛衣在我手中飞舞着诞生，使我更加充实了思想，在这个编织集体里感受到温暖快乐，学到了更多技术，不断创新，不断进取，相互学习，使我感受到生活更加快乐更加有意义。

张冬喜

全国编织交流大会

由北京市通州区妇联主办、辽宁科学技术出版社协办、北京央盛文化传播有限公司承办的"全国编织交流大会"每年举办两届，分别于4月和11月在京召开。

大会主题为"编织时尚美衣 共创美好明天"。大会主讲人：王春燕

王春燕，原创手工类图书作家，手工编织毛衣、服饰设计师，北京央盛文化传播有限公司总经理。王春燕老师的图书不仅入选政府新农村文化建设重点项目——"农家书屋"，同时将图书版权输往台湾，于2011年5月在台湾出版发行，成为大陆生活类手工编织图书版权"走出去"第一人。两岸出版界对王春燕老师的一致认可源于她认真、严谨的工作作风……图书内每款服装作品均由王老师设计、基地妇女亲手编织、影棚外景实地拍摄、编辑室编辑排版，各个环节力求时尚原创、紧跟潮流。图书内时尚手工编织毛衣深受潮流人士喜爱，王老师发现并紧紧把握这一市场需求，将利用大会向全国编织爱好者提供全程的技术指导、为参与经营的再就业妇女提供免费的不间断的技术支持。

大会将向您展现大量原创时尚手工编织作品，众多靓丽模特为您带来一场视觉盛宴。同时传播现代手工毛衣编织理念、挖掘古老针法；更为再就业妇女提供全方位的自主创业全程指导；同时为国内外从事服装贸易人员展示大量服装新作，便于选样订货。

相信此次北京之行会给您带来意想不到的收获……
报名对象：全国编织爱好者、自主创业妇女、国内外服装贸易从业人员。

会议内容

第一天 12：00开始报名办理入住手续（发放会刊 参会证 北京地图 办理北京公交卡）
15：00—17：00王春燕老师见面会
第二天 09：00—11：30北京市通州区妇联领导到场讲话 模特展示大量编织服装作品
11：30—13：00午餐 午休
13：00—17：30模特服装展示及热门款式操作详细讲解
第三天 08：00—11：30绵羊圈针（皮草针）织法 传播现代编织理念
11：30—13：00午餐 午休
13：00—17：30各种编织技巧细细学
第四天 08：00—11：30再就业妇女从业全程指导 参观妇联扶植的再就业妇女店面及编织基地
11：30午餐（签留言册）
宾馆离店时间：12：00

会费支付方式：银行转账
开户行：中国工商银行股份有限公司北京通州支行新华分理处
账号：9558 8202 0001 9757444
户名：李亚林
费用：800元人民币（不含食宿）
会议时间：每年4月和11月，会期3天。
会议地点：北京
主办：北京市通州区妇联
协办：辽宁科学技术出版社、田园诗编织家
承办：北京央盛文化传播有限公司

注意事项：♡♡♡

①在宾馆门口设有签到台，签到后办理入住手续（自费）
②自备学习用具、编织工具和材料（棒针、钩针、毛线）
③会务组为全国参会者免费提供"北京公交卡"一张，便于会议休息期间游览北京城。
④联系人：张卫华 曾玲梓
⑤报名电话：010-89520715
⑥读者交流QQ号：1104753734

著作有：

《棒针编织 情侣毛衫》   《初学者的编织 时尚女装篇》
《棒针编织 俏丽女装》   《初学者的编织 型男宅男篇》
《棒针编织 时尚毛衫》   《初学者的编织 小公主裙篇》
《手编小配饰》   《超可爱人气毛线袜》
《欧式风格 手织披风》   《时尚毛衫编织100款》
《七日完工的编织 百变披肩》   《俏丽女装编织100款》
《七日完工的编织 欧派女装》   《女装毛衣编织100款》
《七日完工的编织 优雅毛衫》   《炫美披肩编织96款》
《七日完工的编织 可爱女装》   《编织潮流小配饰》
《初学者的编织 男女学生篇》   《编织新潮 日韩女装》
《初学者的编织 妈咪宝贝篇》   《编织新潮 韩式男装》

疑难解答！

*我们将解决您所有的烦恼

各位读者，在阅读王春燕老师的编织图书中遇到的任何问题我们都将为您解答，请将问题发至E-mail: 1104753734@qq.com
请注明您的年龄及职业。

I 问：织漏一针怎么办？

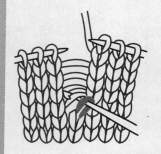

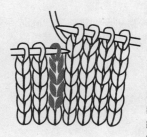

未完成时的修改方法

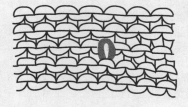

用短线系好并收好线头。

完成时的修改方法

II 问：织错了一针怎么办？

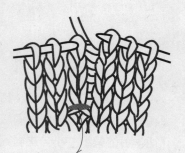

织错的一针。

将这一针放开至织错的位置。

用钩针一行一行向上钩，然后套在左针上。

106

"文" 字扣怎么系？

1.两根线交叉。

2.下面的线绕到大拇指上面然后固定。

3.上面的线按箭头方向从刚才形成的圆洞内穿过。

4.按箭头所指方向拉紧线。

5.完成啦！用这种方法系的线非常结实，用力拉也不会散开。

怎样挑织领子更整齐？

答：一件毛衣是否精致要看挑织领子的技术、袖与正身缝合得是否整齐、服装整体是否均匀。其中挑织领子最难掌握。首先我们要准备一根针和织领子的线，在每个针孔内织出一针，完成一圈后，在第二行时，统一加或减至需要的针目按花纹完成领子。如果直接用针挑，然后再用线编织，挑针处会留下难看的痕迹。

如何为自己织一件合身的毛衣？

答：如果用本书推荐规格的针和线，大约2针为1厘米宽。正确方法是，找一件自己合身的毛衫量其胸围，所得出的厘米数乘以2就是胸围所需针目。这种情况泛指正针，如果有花纹，需要按其密度测算出所起针目。

编织基础入门

1. 棒针持线、持针方法

2. 棒针双针双线起针方法

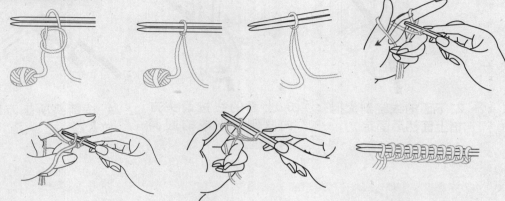

3. 绕线起针方法

4. 钩针配合棒针起针方法

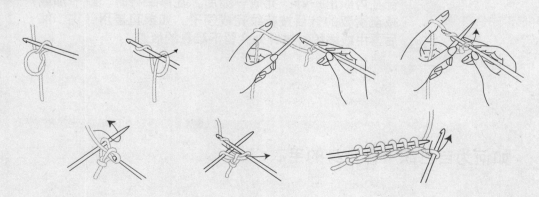

5. 单罗纹起针方法（机械边）

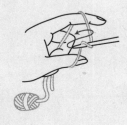
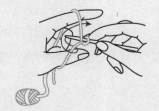

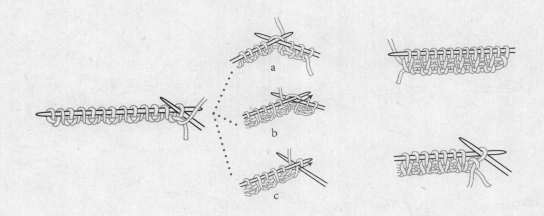

6. 单罗纹变双罗纹方法

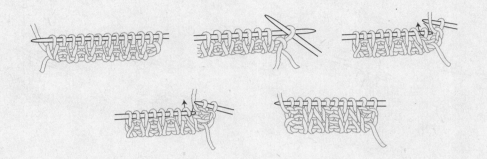

7. 直针环形织法

8. 环形针用法

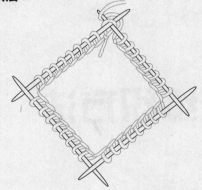

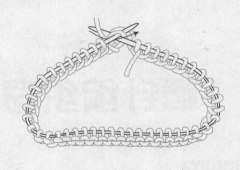

钩针符号及编织方法

1. 钩针持线、持针方法

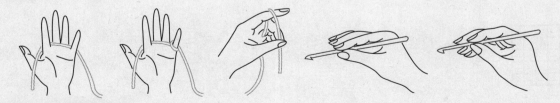

2. 钩针起针方法（小辫针）

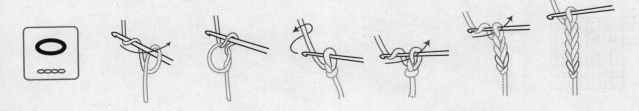

3. 短针

4. 中长针

5. 长针

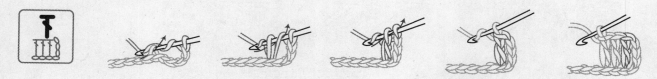

6. 长长针

棒针编织符号及编织方法

1. 正针

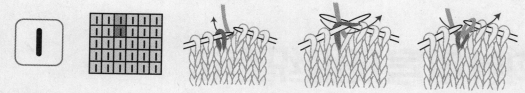

2. 反针

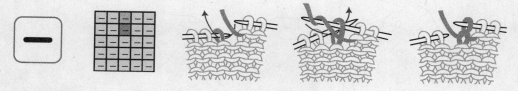

3. 空加针

4. 拧加针

 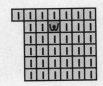 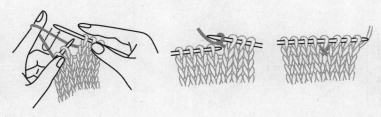

5. 左在上并针

6. 右在上并针

  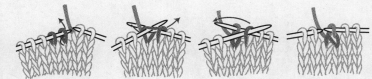

7. 反针左在上二针并一针

8. 反针右在上二针并一针

  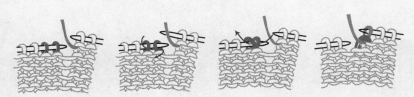

9. 左在上三针并一针

 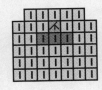 

10. 右在上三针并一针

 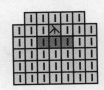 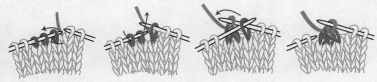

11. 中在上三针并一针

12. 反针中在上三针并一针

13. 挑针

14. 拧针

  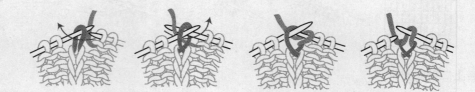

15. 左在上交叉针

16. 右在上交叉针

 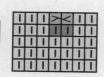 

17. 四麻花针右拧

  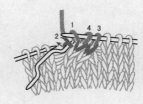 

18. 四麻花针左拧

 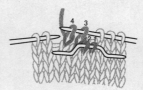 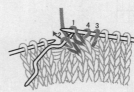 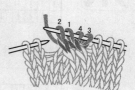

编织技巧

1. 收平边

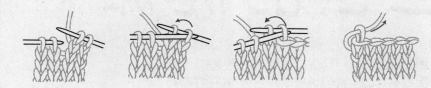

2. 代针方法

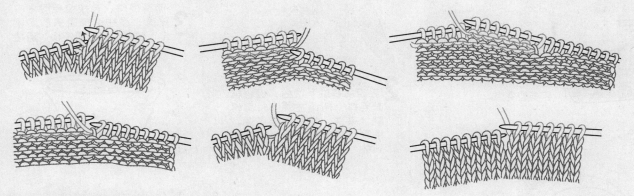

3. 侧面加针和织挑针方法

4. 扣眼织法

5. 小绳钩法

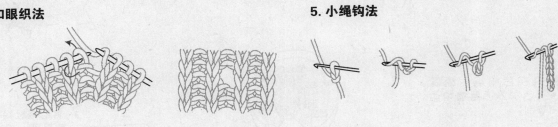

6. 挑针织法

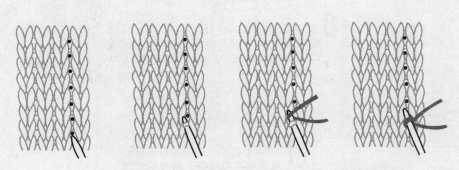

花朵数量，决定编织难度

1朵=新手轻松掌握

2朵=带着信心，继续编织

3朵=略有难度，但充满成就感

4朵=玩转编织，成就编织达人

毛衣的洗涤

毛衣的衣料比较难保养，因此洗涤时不可马虎，否则会容易变形、褪色或缩水。所以，光会挑选和搭配是不行的，我们也应该对它进行好的保养。在这里，我教大家几个保养毛衣的好法子作为参考。

1 开始清理毛衣，检查毛衣哪里有特脏的地方，有待等下着重洗涤。

2 毛织品穿洗多次后，很容易起毛球，所以在洗涤时最好翻过来洗，避免直接搓洗。洗涤时将毛衣翻面（里面翻到外）。

3 而洗涤时，若想保持原本的光泽，可在洗剂里滴数滴氨水，洗后色泽丝毫不损，留住光彩。

4 浸入溶解有不带增白剂或漂白剂的中性洗涤剂的温水（30℃左右）。

5 并用手轻轻挤压毛衣数次。浸泡时间比合成纤维毛衣的时间短，全毛的一般为2分钟，混纺的为5分钟。

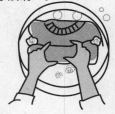

6 取出平摊在平台上用手压或轻轻敲击（切忌用刷子刷洗）。

7 洗涤后用温水漂清（可加入适量衣物柔软剂）。

8 洗净后，只需用手轻轻按压，将大部分水去除。

9 将毛衣轻轻地卷起来，准备脱水。

10 脱水时间不宜过长，一般1～2分钟就可以了。

11 注意毛衣脱水时一定要装在网袋或者洗衣袋中，避免脱水时毛衣变形。

未完待续……
下期：毛衣的晾晒
敬请期待……

流苏短袖帽衫

*材料与用量
275规格纯毛粗线300克

*工具
6号针

*尺寸（厘米）
以实物为准

*平均密度
20针 × 24行 = 10cm² 范围内

*编织简述
　　按花纹织一个不规则的"凸"形，依照相同字母缝合各部分后形成短袖帽衫，最后在帽边系好流苏。

*编织步骤

1. 用6号针起112针按排花往返织32厘米。

2. 取两侧各21针平收。

3. 余下的70针里，取正中的2针做加针点，在这2针的左右隔1行加1针，每次加2针，共加8次，此时共86针。

4. 总长至35厘米时，在正中2针的左右再隔1行减1针减5次，共减去10针，余76针时按相同字母c-c竖对折从内部缝合形成帽子，按图在帽边系好流苏。

5. 按相同字母缝合a-a、b-b形成两袖。

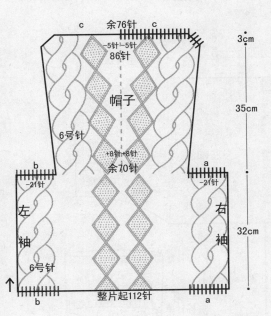

整片排花：

20	1	20	1	12	1	2	1	12	1	20	1	20
麻花针	反针	星星针	反针	菱形星星针	反针	正针	反针	菱形星星针	反针	星星针	反针	麻花针

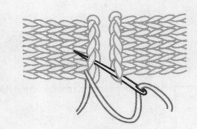

对头缝合方法

星星针

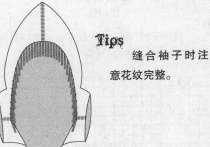

Tips
　　缝合袖子时注意花纹完整。

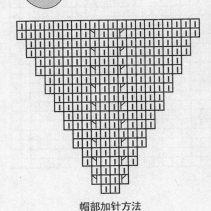

帽部加针方法

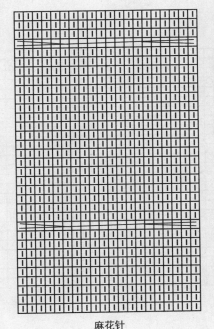

麻花针　　　　菱形星星针

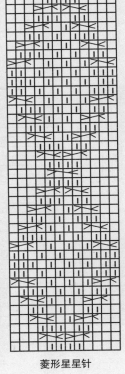

1

2

3

系流苏方法

创意波浪边披肩

*材料与用量
278规格纯毛粗线450克

*工具
6号针 8号针

*尺寸（厘米）
以实物为准

*平均密度
20针 × 24行 = 10cm² 范围内

*编织简述
从披肩的左袖起针环形织，至后背时分片织，最后环形织右袖；从后脖挑针与平加的针目合圈织高领；另线起针织护腰，收针后，与披肩的后背处缝合。

*编织步骤

1. 用8号针起40针环形织25厘米拧针单罗纹。

2. 统一加至80针换6号针改织25厘米正针后分片织。注意挑领处两侧的12.5厘米改织星星针。

3. 分片织50厘米后，再次合圈织25厘米正针。

4. 换8号针统一减至40针环形织25厘米拧针单罗纹后收机械边形成右袖。

5. 从25厘米挑领处挑出40针后，再平加40针，合成80针环形织2厘米拧针单罗纹后改织12厘米正针，最后再织2厘米拧针单罗纹后收机械边形成高领。

6. 用6号针另线起70针往返织30厘米对称树叶花后松收针，并与披肩后背处50厘米位置缝合形成护腰。

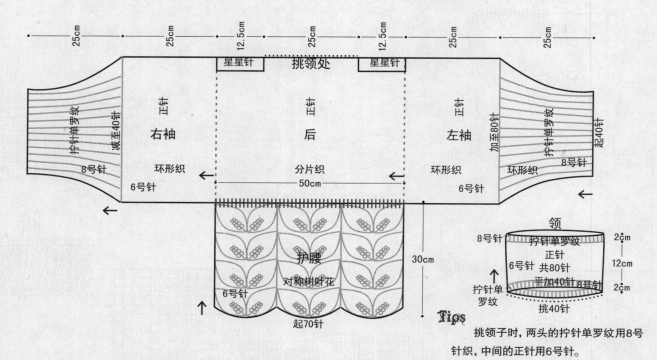

Tips
挑领子时，两头的拧针单罗纹用8号针织，中间的正针用6号针。

拧针单罗纹

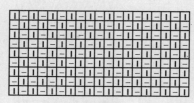

星星针

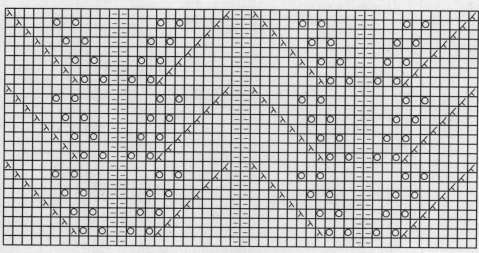

对称树叶花

皮草开衫

*材料与用量

276规格纯毛粗线600克

*工具

6号针 8号针

*尺寸（厘米）

衣长62 袖长56 胸围77 肩宽26

*平均密度

20针 × 24行 = 10cm² 范围内

16针 × 28行 = 星星针

*编织简述

从下摆处起1针，并在其左右规律加针形成小三角形，完成两个小三角形后，在其中间平加针往返向上织片，减袖窿和减领口同时进行，前后肩头缝合后，门襟依然向上织，至后脖正中时对头缝合形成领子；袖口起针后环形向上织，同时在袖腋处规律加针至腋下，减袖山后余针平收，与正身整齐缝合。

对头缝合方法

Tips

减袖窿和减领口同时进行。

针织星星针，左右各加20次，形成三角形，共织两个相同大小的三角形。

2. 在两个三角形中间平加72针，合成154针换6号针按排花往返向上织片。

3. 按排花织30厘米后减袖窿，①平收腋正中10针，②隔1行减1针减5次。

4. 距后脖18厘米时减领口，①取左右各16针作为门襟，②在门襟的内侧隔3行减1针减8次，门襟的16针不动。

5. 前后肩头各取7针缝合后，门襟的16针不缝，依然向上织至后脖正中时对头缝合形成领子。

6. 袖口用8号针起40针环形织20厘米拧针双罗纹后，换6号针改织正针，同时在袖腋处隔9行加1次针，每次加2针，共加6次，总长至45厘米时减袖山，①平收腋正中10针，②隔1行减1针减13次，余针平收，与正身整齐缝合。

*编织步骤

1. 用8号针起1针，在这1针的左右隔1行加1针，加出

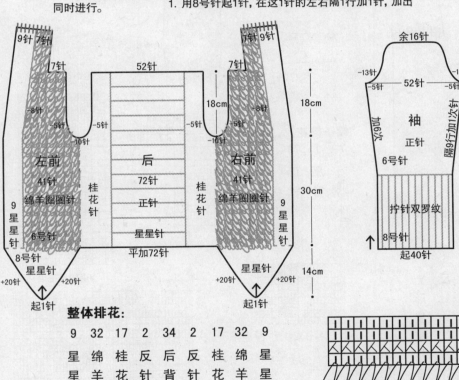

左前 41针 绵羊圈圈针 6号针 9针 星星针 8号针 星星针 +20针 起1针

后 72针 正针 星星针 平加72针

右前 41针 绵羊圈圈针 9针 星星针 星星针 +20针 起1针

桂花针

52针 7针 7针 9针 7针

18cm 30cm 14cm

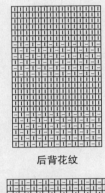

余16针 -13针 52针 -13针 -5针 -5针 袖 正针 6号针 拧针双罗纹 8号针 起40针

11cm 25cm 20cm

加6次 隔9行加1次针

后背花纹

桂花针

星星针

整体排花：

9	32	17	2	34	2	17	32	9
星星针	绵羊圈圈针	桂花针	反针	后背花纹	反针	桂花针	绵羊圈圈针	星星针

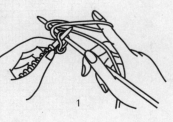

绵羊圈圈针

4行 3行 2行 1行

第一行：右食指绕双线织正针，然后把线套绕到正面，按此方法织第2针。
第二行：由于是双线所以2针并1针织正针。
第三、四行：织正针，并拉紧线套。
第五行以后重复第一到第四行。

拧针双罗纹

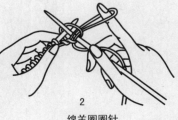

1

绵羊圈圈针

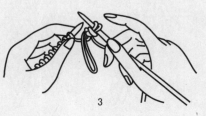

2

3

紧袖短上衣

*材料与用量

278规格纯毛粗线400克

*工具

6号针 8号针

*尺寸（厘米）

以实物为准

*平均密度

20针 × 24行 = 10cm² 范围内

*编织简述

按图织一个不规则"凸"形，缝合各部分后，从袖窿口挑针向下织袖子。

*编织步骤

1. 用6号针起145针按排花往返织50厘米。

2. 在两侧分别平收30针后，余85针向上织，同时在85针的正中取1针作为加针点，在加针点的左右隔1行加1针，每次加2针，共加5次。

3. 帽子共95针按排花向上直织至35厘米后，在正中1针的两侧再隔1行减1针，每次减2针，共减5次，此时余85针，按相同字母c-c对折缝合形成帽子。

4. 按图缝合a-a、b-b后形成两袖窿，从袖窿口挑出48针，用8号针环形向下织45厘米拧针双罗纹后收针形成两袖口。

Tips

从袖窿口挑针向下织袖子时，应挑出所有针目，第2行时再减至48针向下环形织，挑针处整齐而精致。

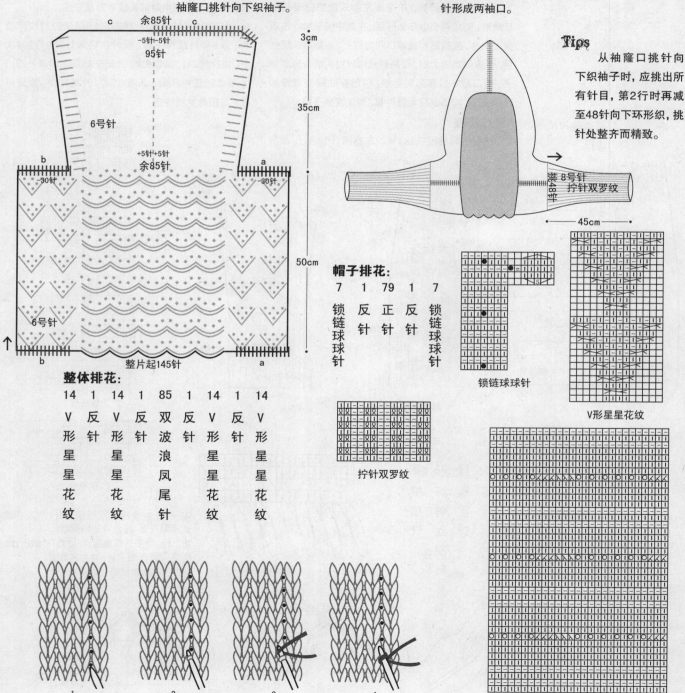

帽子排花：

7	1	79	1	7
锁链球球针	反针	正针	反针	锁链球球针

锁链球球针

V形星星花纹

拧针双罗纹

整体排花：

14	1	14	1	85	1	14	1	14
V形星星花纹	反针	V形星星花纹	反针	双波浪凤尾针	反针	V形星星花纹	反针	V形星星花纹

挑针织法

双波浪凤尾针

不对称门襟上衣

＊材料与用量
275规格纯毛粗线450克

＊工具
6号针　8号针

＊尺寸（厘米）
衣长52　袖长54　胸围67　肩宽23

＊平均密度
19针×24行＝10cm²范围内

＊编织简述
　　从下摆起针后往返向上织下摆，在左侧门襟处平加针织相应长后平收针的同时，在右侧门襟平加针；先减袖窿后减领口，在减领口的同时平收右门襟，前后肩头缝合后挑织立领；袖口起针后环形向上织，同时在袖腋处规律地加针至腋下，减袖山后余针平收，与正身整齐缝合。

＊编织步骤
1. 用6号针起128针往返织10厘米阿尔巴尼亚罗纹针。

2. 在左侧门襟平加20针织桂花针，正身的正针不变。

3. 总长至27厘米后，平收20针桂花针，并在右侧平加20针依然向上织桂花针。

4. 总长至34厘米时减袖窿，①平收腋正中10针，②隔1行减1针减5次。

5. 距后脖8厘米时，将右门襟处平加的20针桂花针平收，同时减领口，①平收领一侧6针，②隔1行减3针减1次，③隔1行减2针减1次，④隔1行减1针减1次。前后肩头缝合后，用8号针从领口处挑出72针往返织3厘米拧针单罗纹后收机械边形成立领。

6. 用6号针从袖口起36针环形织10厘米拧针双罗纹后改织正针，同时在袖腋处隔9行加1次针，每次加2针，共加8次，总长至38厘米时按排花织袖子，总长至43厘米时减袖山，①平收腋正中10针，②隔1行减1针减13次，余针平收，与正身整齐缝合。

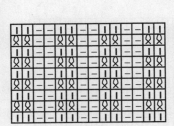

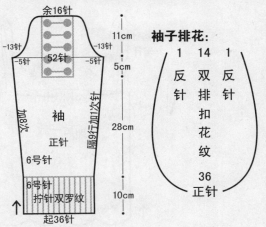

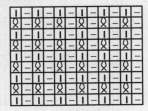

袖子排花：

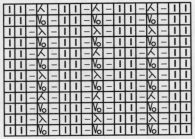

Tips
　　注意袖子，首先环形织拧针双罗纹袖口，然后织正针，最后按排花织。

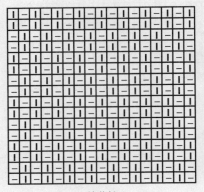

双排扣花纹　　　　　桂花针　　　　　阿尔巴尼亚罗纹针

螺旋凤尾背心

*材料与用量
273规格纯毛粗线350克

*工具
6号针 5.0钩针

*尺寸（厘米）
以实物为准

*平均密度
20针×25行＝10cm²范围内

*编织简述
　　从下摆起针后按花纹环形向上织，相应长后收针形成圆筒，将织好的两个叶片连接后，与圆筒缝合，最后钩织肩带。

*编织步骤

1. 用6号针起144针环形织35厘米螺旋凤尾针后收针形成圆筒状。

2. 用6号针另线起7针往返织树叶花，完成后与另一树叶花片在侧面缝合形成胸衣，并在底部与圆筒缝合。

3. 从树叶花片上边花尖位置挑出4针，用5.0钩针往返钩28厘米短针形成肩带并与后背缝合。

Tips
　　缝合两个叶片时注意按人体特点连接两部分。

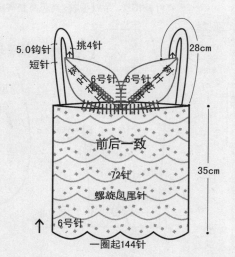

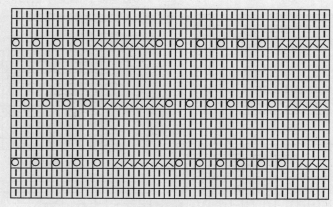

螺旋凤尾针

树叶花片织法

短针钩法

秀色皮草开衫

*材料与用量

273规格纯毛粗线400克

*工具

6号针 8号针

*尺寸（厘米）

以实物为准

*平均密度

20针×25行＝10cm²范围内

*编织简述

　　按排花往返织一条围巾，然后另线起针织一个后背片，将后背片与围巾按相同字母缝合，最后从袖窿口挑织袖子。

*编织步骤

1. 用6号针起45针按围巾排花往返织124厘米后收针。

Tips

用6号针273规格的毛线织菠萝针，10厘米长度内约为24针。

2. 后背片另线起68针往返织20厘米菠萝针后减袖窿，①平收腋一侧4针，②向上直织18厘米后收机械边。

3. 将后背收针处与围巾侧面中间的32厘米位置缝合，并按相同字母缝合两肋。

4. 用8号针从袖窿口挑出44针，环形织40厘米拧针单罗纹后收机械边形成袖子。

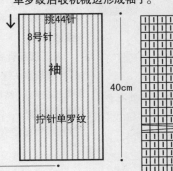

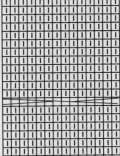

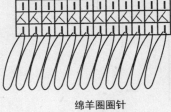

绵羊圈圈针

第一行：右食指绕双线织正针，然后把线套绕到正面，按此方法织第2行。
第二行：由于是双线所以2针并1针织正针。
第三、四行：织正针，并拉紧线套。
第五行以后重复第一到第四行。

菠萝针

麻花针

围巾排花：

14	16	1	14
单排扣花纹	绵羊圈圈针	反针	麻花针

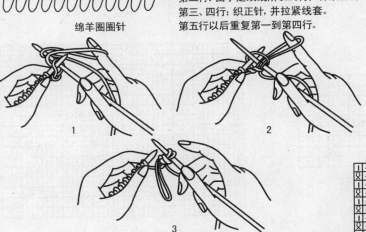

1

2

3

绵羊圈圈针

拧针单罗纹

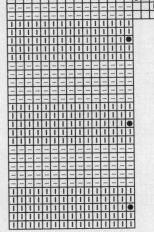

单排扣花纹

大翻领军装

*材料与用量
275规格纯毛粗线550克

*工具
6号针 8号针

*尺寸（厘米）
衣长52 袖长56 胸围91 肩宽23

*平均密度
19针×24行＝10cm²范围内

*编织简述
从下摆起针后往返向上织大片，先减袖窿后减领口，前后肩头缝合后挑织立领，然后挑织门襟（注意花纹在内）；然后按要求织袖子并与正身缝合。

*编织步骤
1. 用8号针起128针往返织12厘米桂花针。

2. 换6号针改织正针，总长至34厘米时减袖窿，①平收腋正中10针，②隔1行减1针减5次。

3. 距后脖8厘米时减领口，①平收领一侧6针，②隔1行减3针减1次，③隔1行减2针减1次，④隔1行减1针减1次。前后肩头缝合后，用8号针从领口处挑出88针往返织4厘米拧针单罗纹后收机械边形成立领。

4. 用6号针从门襟处挑出86针往返织麻花针，注意花纹在内，至12厘米时松收平边形成扇形翻领。

5. 用6号针从袖口起36针环形织20厘米拧针双罗纹后改织正针，同时在袖腋处隔11行加1次针，每次加2针，共加5次，总长至45厘米时减袖山，①平收腋正中10针，②隔1行减1针减13次，余针平收，与正身整齐缝合。

Tips

挑门襟时下摆处不必挑针，并且注意花纹在内，外翻后花纹刚好在外。

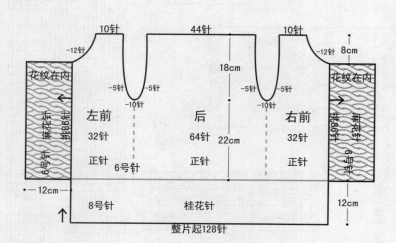

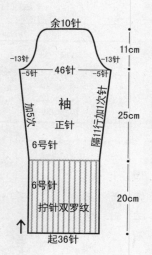

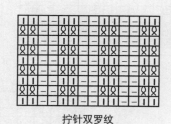

拧针双罗纹

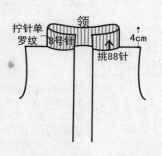

桂花针

拧针单罗纹

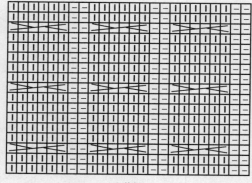

麻花针

创意小帽披肩

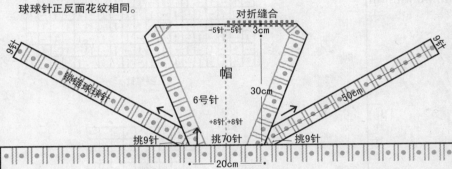

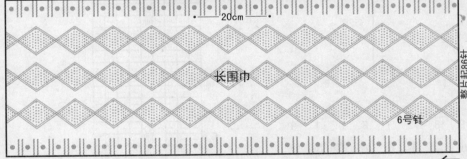

*材料与用量
275规格纯毛粗线400克

*工具
6号针

*尺寸（厘米）
以实物为准

*平均密度
20针 × 24行 = 10cm² 范围内

*编织简述
　　按花纹织一条长围巾，从其正中20厘米处挑织帽子；从帽根处挑织帽子系带；最后以长围巾两侧的小球球为纽扣固定后形成两袖。

Tips
　　注意帽子系带的锁链球球针正反面花纹相同。

*编织步骤

1. 用6号针起86针按排花往返织120厘米后收针形成长围巾。（长围巾两侧的小球球可起到纽扣的作用固定围巾后形成两袖）

2. 取正中20厘米，从此处挑出70针按排花往返织帽子，同时取70针正中2针作加针点，在加针点的两侧隔1行加1针，每次左右共加2针，共加8次，向上直织30厘米后，在正中再隔1行减1针减5次，共减去10针，总长为33厘米时，将帽片对折，从内部缝合形成帽子。

3. 从左右帽根处各挑出9针往返织50厘米锁链球球针形成帽子系带。

长围巾排花：

9	5	16	5	16	5	16	5	9
锁链球球针	桂花针	菱形星星针	桂花针	菱形星星针	桂花针	菱形星星针	桂花针	锁链球球针

帽子排花：

9	52	9
锁链球球针	桂花针	锁链球球针

对折缝合
−5针 −5针　3cm

帽
6号针　30cm
+8针 +8针

挑9针　挑70针　挑9针

20cm

锁链球球针　50cm

长围巾
6号针
整片起86针

120cm

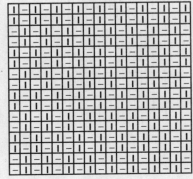

对头缝合方法

锁链球球针

桂花针

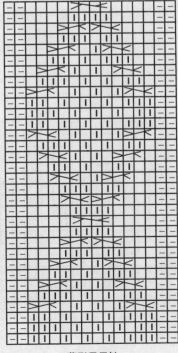

菱形星星针

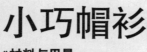

小巧帽衫

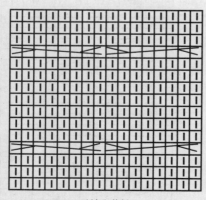

*材料与用量

275规格纯毛粗线300克

*工具

6号针

*尺寸（厘米）

以实物为准

*平均密度

20针 × 24行 = 10cm²范围内

*编织简述

按排花织一个长方形，按相同字母缝合各处。

Tips

注意缝合时外表整齐

松紧适度。

*编织步骤

1. 用6号针起128针按排花往返向上织片。

2. 总长至66厘米时收针。

3. 按相同字母缝合，a-a为左袖，b-b为右袖，c-c为帽顶。

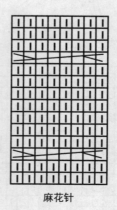

38cm

28cm

6号针

左袖

右袖

整片起128针

整体排花：

9	1	8	8	1	12	8	9	16	9	8	12	1	8	8	1	9
锁链球球针	反针	星星针	麻花针	反针	星星针	麻花针	小荷针	对拧麻花针	小荷针	麻花针	星星针	反针	麻花针	星星针	反针	锁链球球针

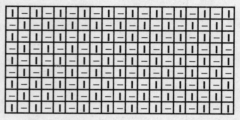

星星针

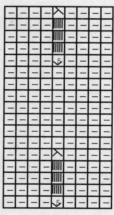

小荷针

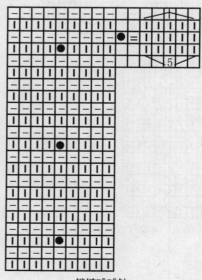

对拧麻花针

麻花针

锁链球球针

超模皮草披肩

*材料与用量
278规格纯毛粗线550克

*工具
6号针 8号针

*尺寸（厘米）
以实物为准

*平均密度
17针 × 25行 = 10cm² 范围内

*编织简述
从披肩的左袖起针环形织，至后背时分片织，最后环形织右袖；从后脖挑针与平加的针目合圈织高领；分别从两肩挑针向下织左、右前片。

*编织步骤

1. 用8号针从左袖口起40针环形织20厘米拧针双罗纹。

2. 换6号针统一加至76针改织28厘米桂花针后分片织52厘米形成后背。

3. 合圈织28厘米后，换8号针统一减至40针织20厘米拧针双罗纹后收针形成右袖口。

4. 从后脖18厘米处挑出40针后，再平加40针，合成80针环形织2厘米拧针单罗纹后改织10厘米横条纹针，最后再织2厘米拧针单罗纹后收机械边形成高领。

5. 用6号针从领子的两侧各12厘米位置挑出41针，按排花往返织56厘米，收针后形成左右前片。

左右前片排花：

7	10	7	10	7
锁	绵	锁	绵	锁
链	羊	链	羊	链
球	圈	球	圈	球
球	圈	球	圈	球
针	针	针	针	针

Tips

挑织领子时注意，只在后脖挑40针，余下的40针平加，合成80针后向上直织领子。

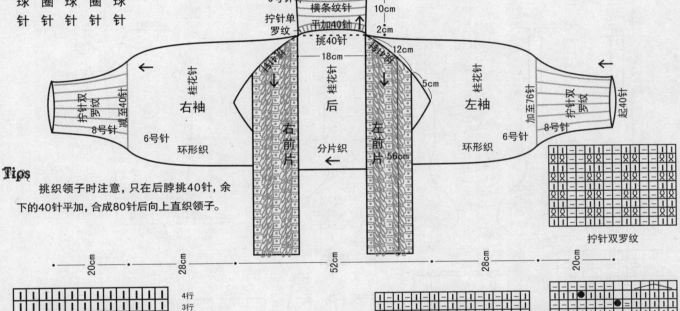

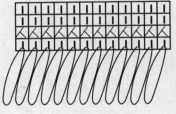

绵羊圈圈针

第一行：右食指绕双线织正针，然后把线套绕到正面，按此方法织第2针。
第二行：由于是双线所以2针并1针织正针。
第三、四行：织正针，并拉紧线套。
第五行以后重复第一到第四行。

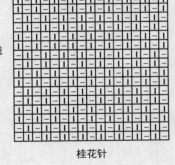

桂花针

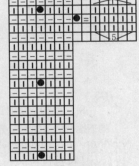

锁链球球针

拧针双罗纹

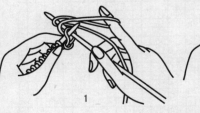

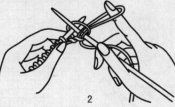

绵羊圈圈针

拧针单罗纹

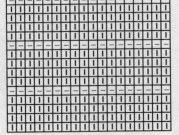

横条纹针

网格花蕾美衣

*材料与用量
278规格纯毛粗线550克

*工具
6号针 9号针 5.0钩针

*尺寸（厘米）
衣长51 袖长53 胸围58 肩宽21

*平均密度
19针 × 24行 = 10cm² 范围内

*编织简述
从腰部起针后环形向上织，先减袖窿后减领口，前后肩头缝合后挑织方领；袖起针后环形向上织，同时在袖腋处规律加针至腋下，减袖山后余针平收，与正身整齐缝合；最后从腰部向下钩织下摆。

*编织步骤

1. 用6号针起96针按花纹环形织10厘米。

2. 统一加至112针改织正针，总长至23厘米时减袖窿，①平收腋正中8针，②隔1行减1针减4次。

3. 距后脖16厘米时减领口，①平收领正中30针，②左右余针向上直织。前后肩头缝合后，用9号针从领口处挑出100针环形织1厘米拧针单罗纹后收机械边形成方领。

4. 袖口用9号针起40针环形织10厘米拧针单罗纹后，换6号针按排花向上织，同时在袖腋处隔15行加1次针，每次加2针，共加5次，总长至42厘米时减袖山，①平收腋正中8针，②隔1行减1针减13次，余针平收，与正身整齐缝合。

5. 用5.0钩针在下摆处钩10厘米宽网格针。

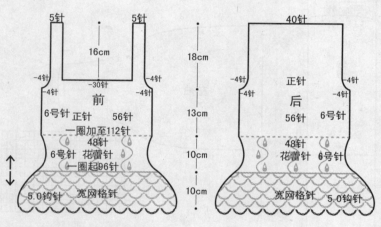

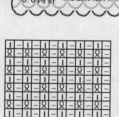

拧针单罗纹

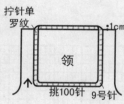

领 挑100针 9号针

拧针单罗纹 1cm

袖子排花：

```
1    8    1
反   花   反
针   蕾   针
     针
     30
    正针
```

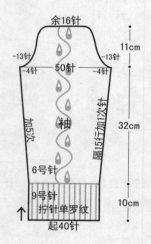

Tips

用钩针钩下摆时注意不可过紧，松散的下摆更能体现层层叠叠的裙式效果。

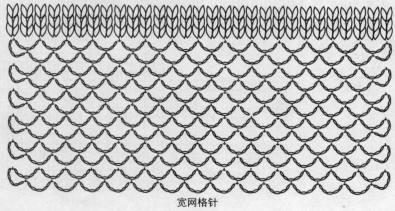

宽网格针

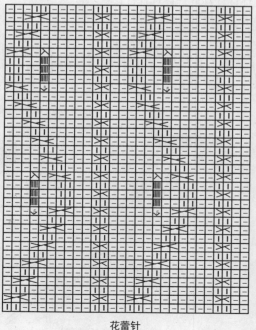

花蕾针

方领双排扣上衣

*材料与用量
275规格纯毛粗线500克

*工具
6号针 8号针

*尺寸（厘米）
衣长52 袖长56 胸围69 肩宽24

*平均密度
19针×24行=10cm²范围内

*编织简述
从下摆起针后环形向上织，减领口和减袖窿同时进行，前后肩头缝合后不必挑织领子；袖口起针后环形向上织，统一加针后按花纹向上织，至腋下后减袖山，余针平收，与正身整齐缝合。

Tips
在减领口的同时减袖窿，同时前后片改织宽锁链针。

*编织步骤

1. 用8号针起132针环形织18厘米拧针双罗纹。

2. 换6号针按排花织16厘米后减领口，①平收前领口正中28针，②余针向上直织。

3. 总长至34厘米时，前后片改织宽锁链针并减袖窿，①平收腋正中10针，②隔1行减1针减5次，余针向上直织。前后肩头缝合后不必挑织领子。

4. 袖口用6号针起40针环形织40厘米拧针双罗纹后，统一加至56针改织5厘米绵羊圈圈针，总长至45厘米时减袖山，①平收腋正中10针，②隔1行减1针减13次，余针平收，与正身整齐缝合。

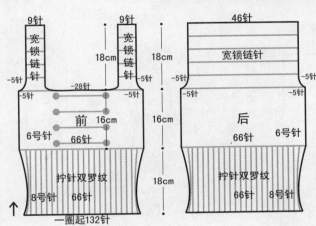

正身排花：
28 双排扣花纹 104 正针

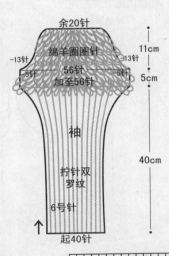

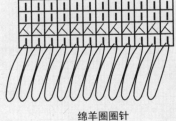

绵羊圈圈针

第一行：右食指绕双线织正针，然后把线套绕到正面，按此方法织第2针。
第二行：由于是双线所以2针并1针织正针。
第三、四行：织正针，并拉紧线套。
第五行以后重复第一到第四行。

拧针双罗纹

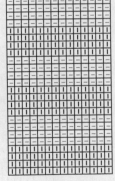

宽锁链针

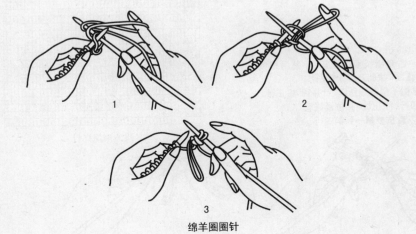

1 2 3
绵羊圈圈针

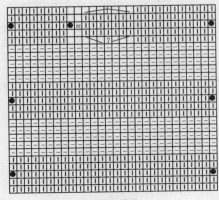

双排扣花纹

皮草美衣

材料与用量
273规格纯毛粗线550克

工具
6号针 9号针

尺寸（厘米）
衣长53 袖长54 胸围61 肩宽22

平均密度
19针 × 24行 = 10cm² 范围内

编织简述
　　从下摆起针后环形向上织，减袖窿和减领口同时进行，前后肩头缝合后挑织领边；袖口起针后环形向上织，同时在袖腋处规律加针至腋下，减袖山后余针平收，与正身整齐缝合。

拧针单罗纹

编织步骤

1. 用6号针起116针环形织2厘米拧针双罗纹。

2. 改织15厘米绵羊圈圈针后，再改织18厘米正针。

3. 总长至35厘米时减袖窿，①平收腋正中8针，②隔1行减1针减4次。

4. 距后脖18厘米时减领口，①平收领正中16针，②隔1行减3针减2次，③隔1行减2针减1次，④隔1行减1针减1次。前后肩头缝合后，用6号针挑出116针环形织4厘米绵羊圈圈针后，改用9号针织1厘米拧针单罗纹后收机械边形成领子。

5. 袖口用6号针起51针环形织10厘米双波浪凤尾针后，统一减至36针改织正针，同时在袖腋处隔19行加1次针，每次加2针，共加4次，总长至43厘米后减袖山，①平收腋正中8针，②隔1行减1针减13次，余针平收，与正身整齐缝合。

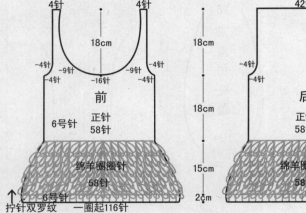

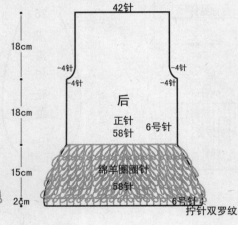

Tips

领边的1厘米拧针单罗纹起到防止卷边的作用，绵羊圈圈针有内卷的特点。

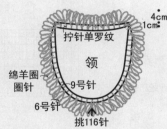

拧针双罗纹

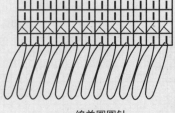

第一行：右食指绕双线织正针，然后把线套绕到正面，按此方法织第2针。
第二行：由于是双线所以2针并1针织正针。
第三、四行：织正针，并拉紧线套。
第五行以后重复第一到第四行。

绵羊圈圈针

双波浪凤尾针

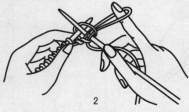

1　　　　2　　　　3

绵羊圈圈针

中袖束腰上衣

*材料与用量

278规格纯毛粗线450克

*工具

6号针 8号针 9号针

*尺寸（厘米）

衣长59 袖长35 胸围62 肩宽21

*平均密度

19针 × 24行 = 10cm² 范围内

16针 × 26行 = 星星针

*编织简述

从下摆起针后环形向上织，先减袖窿后减领口，前后肩头缝合后挑织领子；短袖依然从袖口处起针，按花纹环形向上织相应长后减袖山，最后将余针平收，与正身整齐缝合。

*编织步骤

1. 用8号针起168针环形织1厘米正针。

2. 换6号针按花纹向上织18厘米，统一减至100针环形织10厘米正针后，改织星星针。

3. 总长至41厘米时减袖窿，①平收腋正中8针，②隔1行1针减4次。

4. 距后脖16厘米时减领口，①平收领正中10针，②隔1行减3针减1次，③隔1行减2针减1次，④隔1行减1针减1次。前后肩头缝合后，用9号针从领口处挑出92针环形织2厘米拧针单罗纹后收机械边形成圆领。

5. 袖口用9号针起36针环形织2厘米拧针单罗纹后，换6号针统一加至60针按花纹环形向上织22厘米后减袖山，①平收腋正中8针，②隔1行减1针减13次，余针平收，与正身整齐缝合。

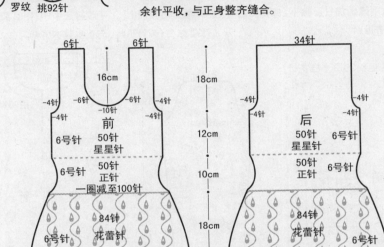

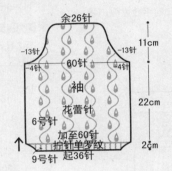

Tips

短袖起针后环形织，统一加针后按花纹向上直接织，不必在袖腋处加针。

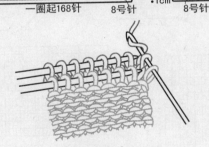

肩头缝合方法

拧针单罗纹

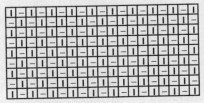

星星针

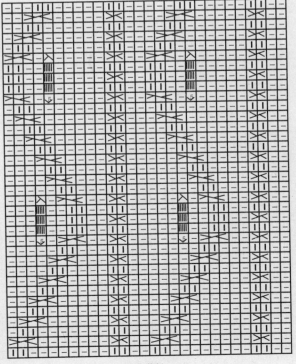

花蕾针

129

略有难度，但充满成就感 ✿✿

女爵小立领开衣

*材料与用量

275规格纯毛粗线550克

*工具

6号针 8号针

*尺寸（厘米）

衣长58 袖长54 胸围63 肩宽23

*平均密度

17针×25行＝10cm²范围内

*编织简述

　　从下摆起针后往返向上织下摆，在右侧门襟处平加针织相应长后平收针的同时，在左侧门襟平加针；先减袖窿后减领口，在减领口的同时平收左门襟，前后肩头缝合后挑织立领；袖口起针后环形向上织，同时在袖腋处规律地加针至腋下，减袖山后余针平收，与正身整齐缝合。

Tips

　　注意编织左右门襟的先后顺序，右侧先织，完成后平收再织左侧，减领口时平收左侧门襟。

2. 在右侧门襟平加28针织15厘米宽锁链针。

3. 总长至35厘米后，平收右侧的28针宽锁链针，并在左侧平加28针向上织宽锁链球球针。

4. 总长至40厘米时减袖窿，①平收腋正中8针，②隔1行减1针减4次。

5. 距后脖8厘米时，将左门襟处的28针宽锁链球球针平收，同时减领口，①平收领一侧4针，②隔1行减3针减1次，③隔1行减2针减1次，④隔1行减1针减1次。前后肩头缝合后，用8号针从领口处挑出60针往返织3厘米锁链针后形成立领。

6. 用6号针从袖口起36针环形织10厘米拧针双罗纹后改织正针，同时在袖腋处隔9行加1次针，每次加2针，共加8次，总长至38厘米时按排花织袖子，总长至43厘米时减袖山，①平收腋正中10针，②隔1行减1针减13次，余针平收，与正身整齐缝合。

*编织步骤

1. 用6号针起108针往返织20厘米桂花针。

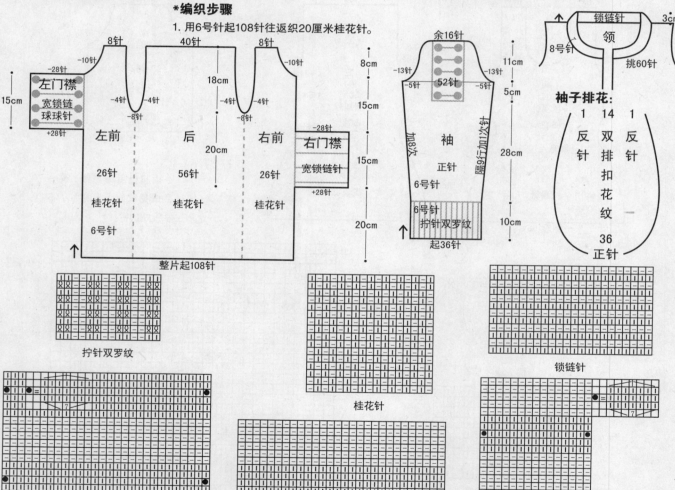

拧针双罗纹

桂花针

锁链针

宽锁链球球针

宽锁链针

双排扣花纹

细腻心领上衣

*材料与用量
275规格纯毛粗线500克

*工具
6号针 8号针

*尺寸（厘米）
衣长55 袖长56 胸围70 肩宽25

*平均密度
16针 × 28行 = 10cm²范围内

*编织简述
从下摆起针后环形向上织，减领口和减袖窿同时进行，前后肩头缝合后自然形成领子；袖口起针后环形向上织，在袖腋处规律加针至腋下，减袖山后余针平收，与正身整齐缝合。

Tips
星星针有不卷边的特点，所以领口减针后不必再挑织领子。

*编织步骤

1. 用6号针起153针环形织25厘米花凤尾针。

2. 统一减至112针改织12厘米星星针后减领口，①将前片从正中均分左右片，②在每片内隔1行减1针减9次，余针向上直织。

3. 总长至37厘米时减袖窿，①平收腋正中8针，②隔1行减1针减4次，余针向上直织。前后肩头缝合后不必挑织领子。

4. 袖口用8号针起36针环形织10厘米拧针双罗纹后，换6号针改织30厘米正针，同时在袖腋处隔11行加1次针，每次加2针，共加6次，总长至40厘米时改织宽锁链针，总长至45厘米时减袖山，①平收腋正中10针，②隔1行减1针减13次，余针平收，与正身整齐缝合。

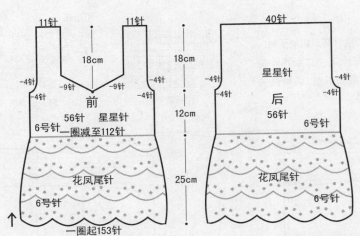

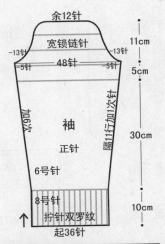

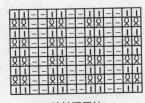

拧针双罗纹

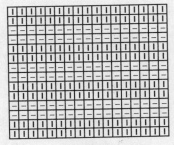

宽锁链针

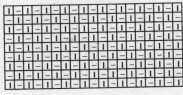

星星针

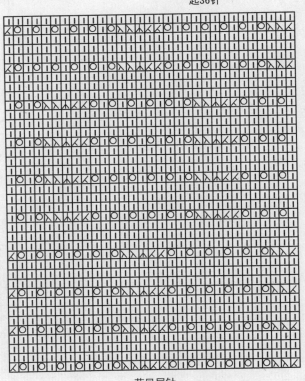

花凤尾针

嫩粉紧袖上衣

*材料与用量

273规格纯毛粗线400克

*工具

6号针

*尺寸（厘米）

衣长56　袖长49（腋下至袖口）　胸围69　肩宽34

*平均密度

20针 × 25行 = 10cm² 范围内

*编织简述

　　从下摆起针后按排花环形向上织，至腋下后分前后片织相应长，不必减袖窿和领口，前后肩头缝合后，从袖窿口挑针向下环形织袖子。

*编织步骤

1. 用6号针起138针按排花环形向上织。

2. 总长至38厘米时分前后片向上织18厘米，袖窿不减针。

3. 从前后肩头各取14针缝合，前后领口各41针平收形成一字领。

4. 用6号针从袖窿口挑出44针，环形织49厘米拧针双罗纹后收机械边形成袖子。

空加针方法

Tips

　　从袖窿口挑针环形织袖子时，首先挑出所有针目，第二行再均匀减至44针环形向下织，挑针处会非常整齐精致。

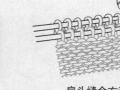

拧针双罗纹　　　　肩头缝合方法

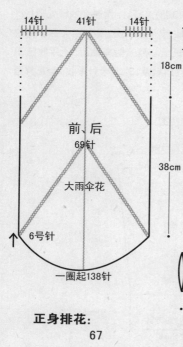

14针　　41针　　14针

前、后
69针

大雨伞花

6号针

18cm

38cm

一圈起138针

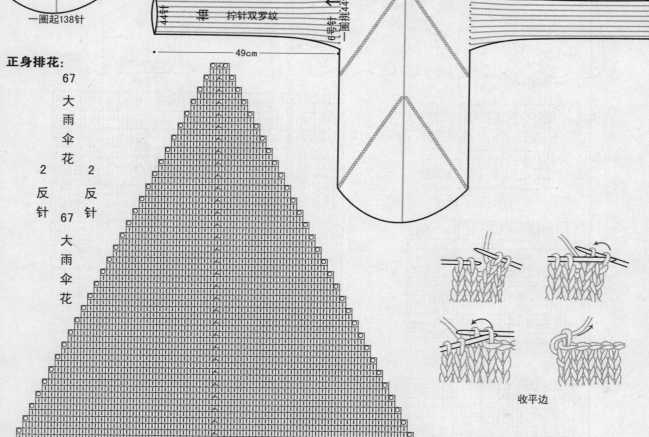

44针　裙　拧针双罗纹　　挑44针　6号针　一圈挑44针

49cm

收平边

正身排花：

67
大
雨
伞
花

2　　　　2
反　　　　反
针　　　　针

67
大
雨
伞
花

大雨伞花

花朵罩衣

*材料与用量

290规格纯毛中粗线500克

*工具

3.0钩针

*尺寸（厘米）

以实物为准

*编织简述

按图钩164个单元花并相互连接形成罩衣。

Tips

钩花朵时注意手法
松紧适度。

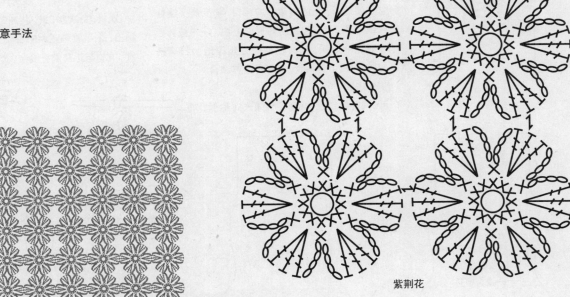

紫荆花

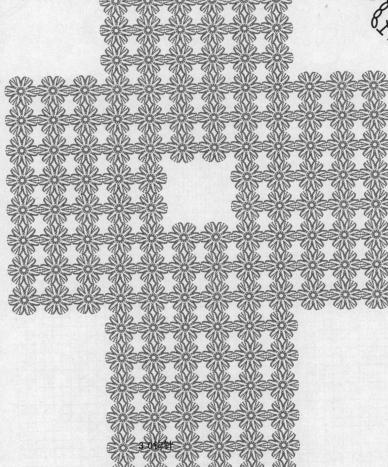

3.0钩针

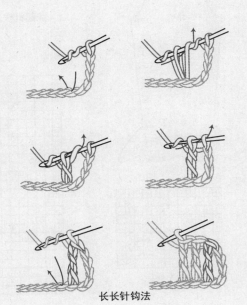

长长针钩法

133

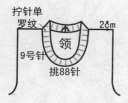

花叶短连衣裙

*材料与用量
273规格纯毛粗线500克

*工具
6号针 8号针 9号针

*尺寸（厘米）
衣长59 袖长50 胸围61 肩宽22

*平均密度
19针×24行＝10cm²范围内

*编织简述
　　从下摆起针后环形向上织，按要求加、减针后形成收腰效果，先减袖窿后减领口，前后肩头缝合后挑织领子；袖口起针后环形向上织，统一减针后形成喇叭袖效果，同时在袖腋处规律地加针至腋下，减袖山后余针平收，与正身整齐缝合。

2. 换8号针统一减至104针后改织13厘米鸳鸯花，再换6号针统一加至116针改织正针。

3. 总长至41厘米时减袖窿，①平收腋正中8针，②隔1行减1针减4次。

4. 距后脖10厘米时减领口，①平收领正中10针，②隔1行减3针减2次，③隔1行减2针减1次，④隔1行减1针减1次。前后肩头缝合后，用9号针从领口处挑出88针环形织2厘米拧针单罗纹后收机械边形成小圆领。

5. 袖口用6号针起72针环形织10厘米对称树叶花后，统一减至36针改织正针，同时在袖腋处隔13行加1次针，每次加2针，共加5次，总长至39厘米后减袖山，①平收腋正中8针，②隔1行减1针减13次，余针平收，与正身整齐缝合。

*编织步骤
1. 用6号针起192针环形织17厘米对称树叶花。

拧针单罗纹

9号针
挑88针
领 2cm

7针　　7针
10cm
-9针　-9针
-10针
正针
前
58针
6号针
-4针　　-4针
一圈加至116针
52针
8号针　鸳鸯花
一圈减至104针
96针
6号针　对称树叶花
一圈起192针

42针
18cm
-4针　-4针
正针
后
58针　6号针
11cm
52针　8号针
13cm　鸳鸯花
96针
对称树叶花　6号针
17cm

余12针
-13针　-13针
-4针　46针　-4针
隔13行加1次针
加5次
袖
正针
6号针
减至36针
对称树叶花
起72针
11cm
29cm
10cm

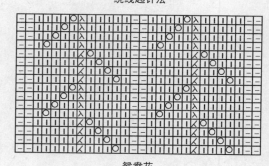

绕线起针法

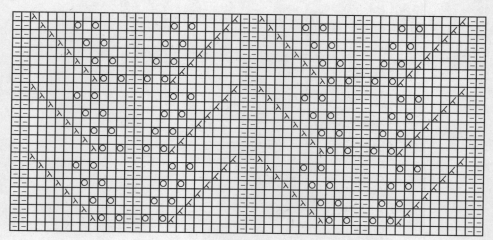

鸳鸯花

Tips
　　下摆和袖口用绕线起针法起针。

拧针单罗纹

对称树叶花

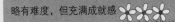

略有难度，但充满成就感 ❀❀❀❀

浪漫镂空皮草上衣

＊材料与用量

275规格纯毛粗线500克

＊工具

6号针 8号针

＊尺寸（厘米）

衣长50 袖长56 胸围69 肩宽24

＊平均密度

19针×24行＝10cm²范围内

＊编织简述

　　从裙摆起针后，按要求向上环形织，先减领口后减袖隆，前后肩头缝合后挑织领子；袖口起针后环形向上织，同时在袖腋处规律地加针至腋下，减袖山后余针平收，与正身整齐缝合。

＊编织步骤

1. 用6号针起170针环形织15厘米双波浪凤尾针。

2. 统一减至132针改织10厘米正针后减领口，①平收前领口正中28针，②余针向上直织。

3. 总长至32厘米时，前片改织绵羊圈圈针并减袖隆，①平收腋正中10针，②隔1行减1针减5次，余针向上直织。前后肩头缝合后，用8号针从领口处挑出100针环形织1厘米拧针单罗纹后紧收机械边形成方领。

4. 袖口用6号针起34针环形织40厘米双波浪凤尾针后，统一加至50针改织5厘米绵羊圈圈针，总长至45厘米时减袖山，①平收腋正中10针，②隔1行减1针减13次，余针平收，与正身整齐缝合。

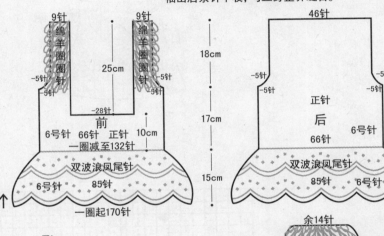

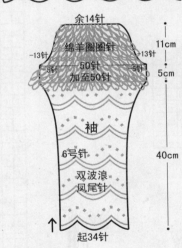

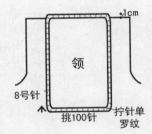

领 8号针 挑100针 拧针单罗纹

Tips

前片在减袖隆的同时改织绵羊圈圈针。

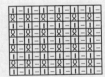

拧针单罗纹

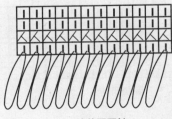

绵羊圈圈针

第一行：右食指绕双线织正针，然后把线套绕到正面，按此方法织第2针。

第二行：由于是双线所以2针并1针织正针。

第三、四行：织正针，并拉紧线套。

第五行以后重复第一到第四行。

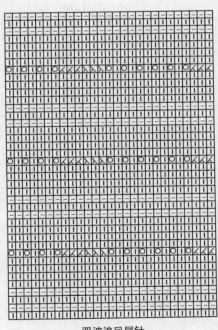

双波浪凤尾针

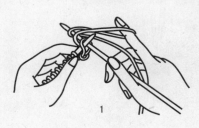

1

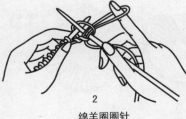

2

绵羊圈圈针

3

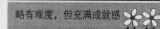

多穿迷你裙

*材料与用量
273规格纯毛粗线400克

*工具
6号针 3.0钩针

*尺寸（厘米）
裙长35

*平均密度
19针 × 24行 = 10cm² 范围内

*编织简述
　　从下向上按图解环形织相应长，然后过渡织拧针单罗纹，松收机械边，最后串好小绳系好球球。

Tips
腰部织完后收针不要过紧，以免穿着不便。

*编织步骤

1. 用6号针起150针环形织13厘米种植园针后改织正针，并将所有针目均分6份，每份24针，隔1行在24针左右变1针织拧针双罗纹。

2. 两种针法过渡为8厘米长，完全改为拧针双罗纹后，再织14厘米后松收机械边。

3. 按图钩一根小绳，串入罗纹自然纹理内，将做好的小球分别系于绳子两端。

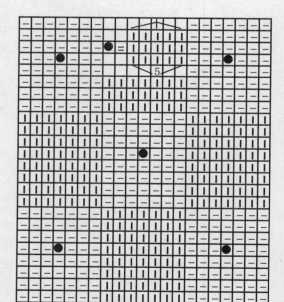

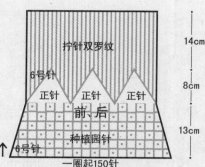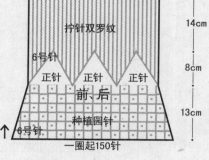

14cm　　拧针双罗纹

8cm　　6号针　正针　正针　正针

13cm　　前、后　种植园针

↑6号针　一圈起150针

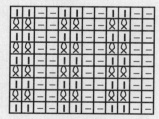

拧针双罗纹

种植园针

1　2　3　4

小绳钩法

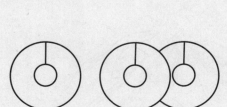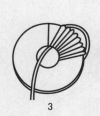

1　2　3　4　5

球球做法

U形开衣

*材料与用量

275规格纯毛粗线400克

*工具

6号针

*尺寸（厘米）

衣长43 袖长56 胸围80 肩宽26

*平均密度

20针 × 24行 = 10cm² 范围内

*编织简述

按图织一个不规则的"凹"形，分别在两肋缝合后形成背心；门襟和下摆、领子等同时环形挑织；袖子另线起针按要求环形织，同时在袖腋处规律地加针至腋下，减袖山后余针平收，最后与正身袖隆口整齐缝合。

*编织步骤

1. 用6号针起69针按排花往返织16厘米后减后背袖隆，①平收腋下4针，②隔1行减1针减4次后，余53针向上直织。

2. 总长至33厘米时，取正中17针平收，左右各18针分别向上织17厘米后加前片袖隆，①隔1行加1针加4次，②平加4针，左右前片各26针。

3. 总长至56厘米时，分别在左右门襟内侧隔1行减2针，共减13次。

4. 按相同字母缝合两肋，形成的两个开口为袖隆口。

5. 按图从后脖、门襟、前后下摆挑出260针环形织10厘米拧针双罗纹后收机械边形成门襟及下摆领子等。

6. 用6号针起36针环形织20厘米拧针双罗纹后改织正针，同时在袖腋处隔11行加1次针，每次加2针，共加5次，总长至45厘米时减袖山，①平收腋正中10针，②隔1行减1针减13次，余针平收，与正身袖隆口处整齐缝合。

Tips

门襟的26针被减掉后，将两肋按相同字母缝合。

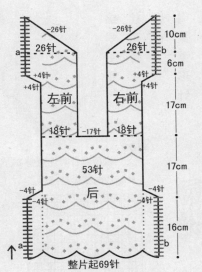

-26针 26针 10cm
26针 -26针
a 6cm b
+4针 +4针
+4针 +4针
左前 右前 17cm
18针 -17针 18针
53针 后 17cm
-4针 -4针
-4针 -4针 16cm
a b
整片起69针

整体排花：

8 1 51 1 8
星 反 花 反 星
星 针 凤 针 星
针 尾 针
针

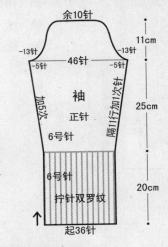

余10针
-13针 -13针 11cm
-5针 46针 -5针
加 袖 25cm
5 正针
次 6号针 隔11行加1次针
6号针 20cm
拧针双罗纹
起36针

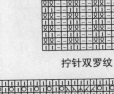

11cm
拧针双罗纹
挑260针
10cm

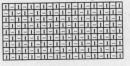

星星针

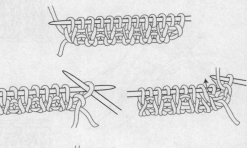

拧针双罗纹

双罗纹收针缝合方法

双罗纹起针方法

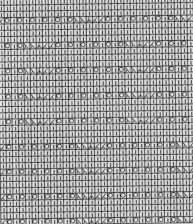

花凤尾针

精致半袖斗篷

*材料与用量

275规格纯毛粗线300克

*工具

6号针

*尺寸（厘米）

以实物为准

*平均密度

20针 × 24行 = 10cm² 范围内

*编织简述

　　按花纹织一个"凸"形，依照相同字母缝合各部分形成帽子和两袖，最后在后腰处系好流苏。

*编织步骤

1. 用6号针起122针按排花往返织30厘米。

2. 取左右各18针绵羊圈圈针平收。

3. 余下的86针按排花向上织35厘米后，对折从内部缝合形成帽子。

4. 按相同字母缝合两边沿形成短袖。

5. 在后腰处系好流苏。

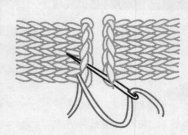

对头缝合方法

整体排花：

18	18	1	15	1	16	1	15	1	18	18
绵羊圈圈针	桂花针	反针	海棠菱形针	反针	桂花针	反针	海棠菱形针	反针	桂花针	绵羊圈圈针

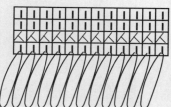

绵羊圈圈针

第一行：右食指绕双线织正针，然后把线套绕到正面，按此方法织第2针。
第二行：由于是双线所以2针并1针织正针。
第三、四行：织正针，并拉紧线套。
第五行以后重复第一到第四行。

1

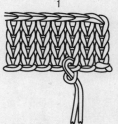

2

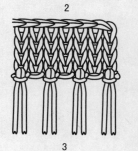

3

系流苏方法

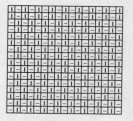

桂花针

Tips

帽顶缝合时注意整齐，从帽边向帽尖处缝合。

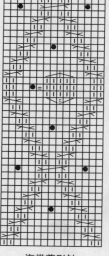

海棠菱形针

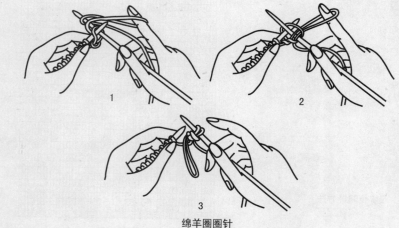

1

2

3

绵羊圈圈针

贵族礼服

*材料与用量

275规格纯毛粗线550克

*工具

6号针　8号针

*尺寸（厘米）

衣长64　袖长56　胸围78　肩宽28

*平均密度

20针 × 24行 = 10cm² 范围内

*编织简述

从后下摆起针织相应长后，在两侧平加针合成整片向上织，减领口和减袖窿同时进行，前后肩头缝合后，门襟不缝，向上直织至后脖正中时对头缝合形成领子；袖口起针后环形向上织，同时在袖腋处规律地加针至腋下，减袖山后余针平收，与正身整齐缝合。

*编织步骤

1. 用6号针起100针往返织16厘米桂花条纹针。

2. 在两侧各平加28针合成整片共156针向上按排花往返织。

3. 总长至46厘米时减袖窿，①平收腋正中10针，②隔1行减1针减5次。

4. 距后脖18厘米时减领口，①取左右各12针作为门襟，②在门襟的内侧隔3行减1针共减8次。

5. 前后肩头各取10针缝合后，门襟的12针不缝，依然向上织桂花条纹针至后脖正中时对头缝合形成领子。

6. 袖口用8号针起40针环形织10厘米拧针双罗纹后，换6号针按排花环形向上织，同时在袖腋处隔19行加1次针，每次加2针，共加4次，总长至45厘米时减袖山，①平收腋正中10针，②隔1行减1针减13次，余针平收，与正身整齐缝合。

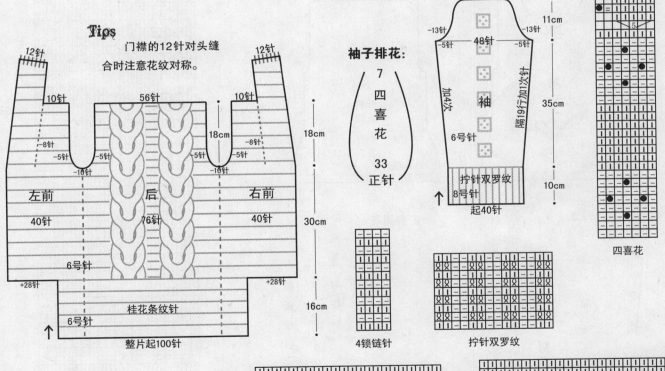

Tips　门襟的12针对头缝合时注意花纹对称。

袖子排花：

7　四喜花　33　正针

四喜花

4锁链针

拧针双罗纹

桂花条纹针

对拧麻花针

整体排花：

50	1	24	1	4	1	24	1	50
桂花条纹针	反针	对拧麻花针	反针	锁链针	反针	对拧麻花针	反针	桂花条纹针

139

冰岛风格高领衫

*材料与用量
花式大肚纱线500克

*工具
直径1厘米粗竹针

*尺寸（厘米）
衣长50 袖长53 胸围76 肩宽31

*平均密度
12针 × 18行 = 10cm² 范围内

*编织简述
从下摆起针后环形向上织,先减袖窿后减领口,前后肩头缝合后挑织高领;袖口起针后环形向上织,同时在袖腋处规律地加针至腋下,减袖山后余针平收,与正身整齐缝合。

*编织步骤
1. 用直径1厘米粗竹针起112针,环形织2厘米拧针

Tips
采用花式粗线时,应织出小样推算密度,以免影响服装尺寸。

单罗纹后,按排花环形向上织,同时在两肋隔3行减1次针,每次减2针,共减5次。

2. 两肋共减掉20针,余92针环形向上织,总长至30厘米时减袖窿,①平收腋正中4针,②隔1行减1针减2次。

3. 距后脖8厘米时减领口,①平收领正中6针,②隔1行减3针减1次,③隔1行减2针减1次,④隔1行减1针减1次。前后肩头缝合后,从领口处挑出60针,用直径1厘米粗竹针环形织15厘米拧针单罗纹后收机械边形成高领。

4. 袖口用直径1厘米粗竹针起30针,环形织2厘米拧针单罗纹后改织正针,同时在袖腋处隔13行加1次针,每次加2针,共加5次,总长至42厘米时减袖山,①平收腋正中4针,②隔1行减1针减9次,余针平收,与正身整齐缝合。

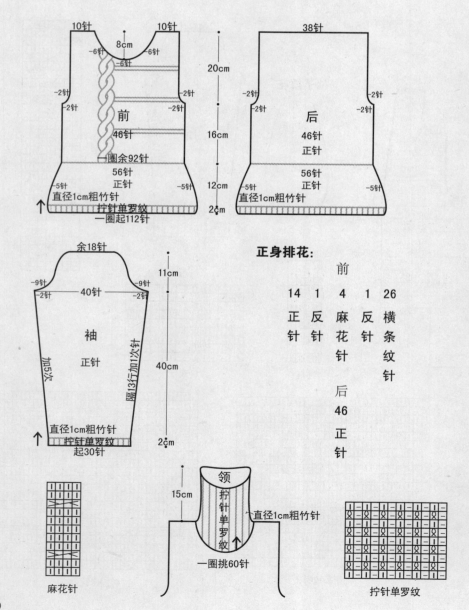

正身排花:

前				
14	1	4	1	26
正针	反针	麻花针	反针	横条纹针

后
46
正针

麻花针

拧针单罗纹

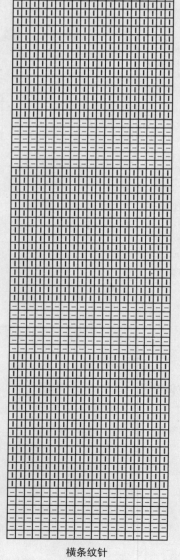

横条纹针

高腰修身上衣

*材料与用量
273规格纯毛粗线550克

*工具
6号针 8号针 9号针

*尺寸（厘米）
衣长50 袖长57 胸围63 肩宽27

*平均密度
18针×24行＝10cm²范围内

*编织简述
　　从下摆起针后环形向上织，至领底时重叠挑针并在领片内侧减领口，减袖窿后，将前后肩头缝合，领边的9针改织锁链小荷针，前后肩头缝合后，左右的9针依然向上直织，至后脖正中时对头缝合形成领子；袖口起针后按花纹环形向上织，至腋下后减袖山并平收余针，最后与正身整齐缝合。

Tips
　　织领底时，前片正中的9针不变，在其背面挑出9针织相同花纹。

*编织步骤
1. 用8号针起114针环形织20厘米拧针双罗纹。
2. 换6号针按花纹向上织，总长至32厘米时减袖窿，①平收腋正中4针，②隔1行减1针减2次。
3. 距后脖18厘米时，取前片正中的9针花纹做领片，同时改织锁链小荷针，并从9针的背面重叠挑出9针织同样花纹，分左右片向上织，同时在9针领片的内侧隔3行减1针，共减9次，整个领口共减去18针。前后肩头缝合后，9针领片不缝，依然向上直织，至后脖正中时对头缝合形成领子。
4. 袖口用9号针起48针环形织38厘米拧针双罗纹后，换6号针改织绵羊圈圈针，总长至46厘米时减袖山，①平收腋正中4针，②隔1行减1针减13次，余针平收，与正身整齐缝合。

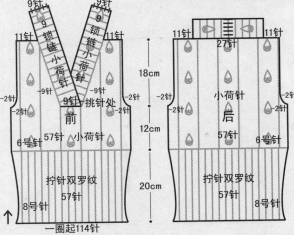

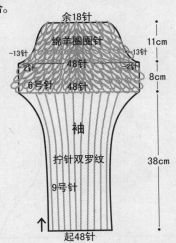

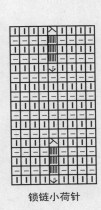

锁链小荷针

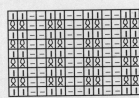

拧针双罗纹

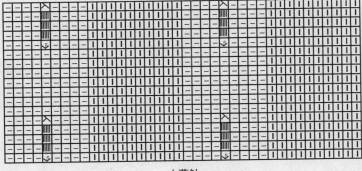

小荷针

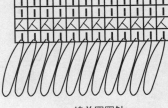

绵羊圈圈针

第一行：右食指绕双线织正针，然后把线套绕到正面，按此方法织第2针。
第二行：由于是双线所以2针并1针织正针。
第三、四行：织正针，并拉紧套。
第五行以后重复第一到第四行。

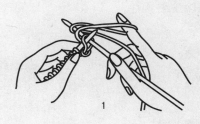

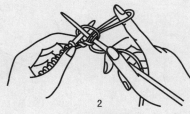

绵羊圈圈针

带着信心，继续编织

印巴风情半袖衫

*材料与用量
花式大肚纱线500克

*工具
8号针　3.0钩针

*尺寸（厘米）
以实物为准

*平均密度
18针 × 24行 = 10cm² 范围内

*编织简述
　　从下摆起针后环形向上织，统一减针后依然按原花纹向上环形织，同时在两肋规律地减针形成收腰效果，至腋下时减袖窿，然后减领口；袖片按花纹往返向上织，同时按规律地减袖山，最后平收余针，与正身缝合后，钩织小领边。

Tips
　　织菱形网格针时注意，隔1行改变一次并针方向。

*编织步骤
1. 用8号针起340针环形织1厘米正针。
2. 不换针改织菱形网格针，至15厘米时，统一减至240针依然向上环形织菱形网格针，同时在两肋隔1行减1针减10次，一圈余200针环形向上织。
3. 总长至38厘米时减袖窿，①每行减1针减28次，②余针平收。
4. 距后脖9厘米时减领口，①平收领正中18针，②隔1行减3针减2次，③隔1行减2针减2次，④隔1行减1针减3次。
5. 袖口用8号针起80针往返向上织菱形网格针，同时在两侧每行减1针共减28次，余24针平收。
6. 将两袖与正身袖窿口整齐缝合后上沿形成领口，用3.0钩针在领口处钩1圈短针后形成小领边。

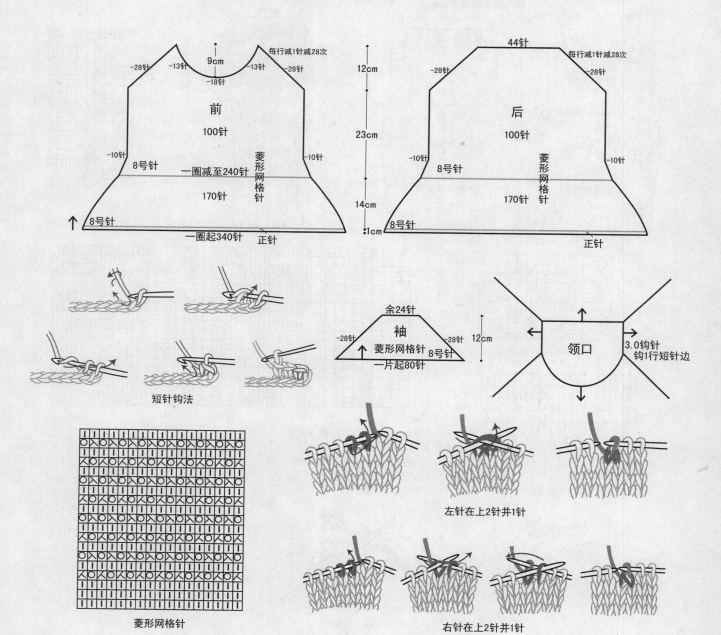

前 100针

后 100针

菱形网格针

8号针

一圈减至240针

170针

一圈起340针　正针

9cm　每行减1针减28次　−28针　−13针　−18针　−13针　−28针

−10针　−10针

12cm　23cm　14cm　1cm

44针　每行减1针减28次　−28针　−28针

余24针　−28针　袖　−28针　菱形网格针　8号针　一片起80针　12cm

领口　3.0钩针钩1行短针边

短针钩法

菱形网格针

左针在上2针并1针

右针在上2针并1针

142

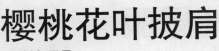

樱桃花叶披肩

*材料与用量
278规格纯毛粗线450克

*工具
6号针 8号针

*尺寸（厘米）
以实物为准

*平均密度
19针 × 24行 ＝ 10cm² 范围内

*编织简述
　　从披肩的左袖起针环形织，至后背时分片织，最后环形织右袖；从挑针处环形挑织门襟等。

*编织步骤

1. 用8号针从左袖口起45针环形织20厘米阿尔巴尼亚罗纹针。

2. 换6号针统一加至80针改织28厘米正针后，分片织50厘米形成后背。

3. 再次合圈环形织28厘米正针后，换8号针统一减至45针织20厘米阿尔巴尼亚罗纹针形成右袖口。

4. 用6号针从挑针处一圈内共挑出220针环形织9厘米樱桃针后收平边形成领边和门襟等。

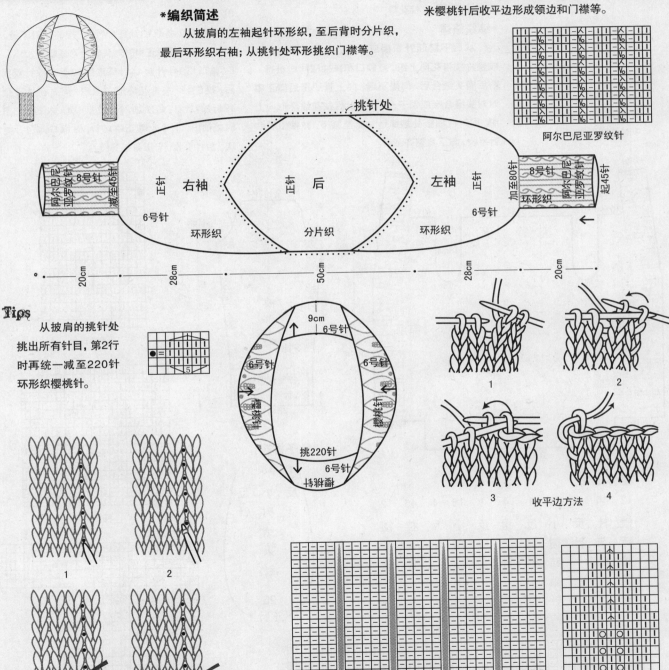

阿尔巴尼亚罗纹针

Tips
　　从披肩的挑针处挑出所有针目，第2行时再统一减至220针环形织樱桃针。

挑针织法

收平边方法

樱桃针

143

可爱小托尾服

＊材料与用量

275规格纯毛粗线550克

＊工具

6号针 8号针

＊尺寸（厘米）

衣长64 袖长56 胸围78 肩宽28

＊平均密度

20针 × 24行 = 10cm² 范围内

18针 × 29行 = 桂花针

＊编织简述

从后下摆起针织相应长后，在两侧平加针合成整片按排花向上织，减领口和减袖窿同时进行，前后肩头缝合后，门襟不缝，向上直织至后脖正中时对头缝合形成领子；袖口起针后按花纹环形向上织，同时在袖腋处规律地加针至腋下，减袖山后余针平收，与正身整齐缝合。

Tips

前后肩头缝合后，门襟不缝，向上织到后脖正中时再缝形成领子。

＊编织步骤

1. 用6号针起100针往返织8厘米桂花针。

2. 在两侧各平加28针合成整片共156针向上按排花往返织。

3. 总长至46厘米时减袖窿，①平收腋正中10针，②隔1行减1针减5次。

4. 距后脖18厘米时减领口，①取左右各12针锁链球球针作为门襟，②在门襟的内侧隔3行减1针共减8次。

5. 前后肩头各取10针缝合后，门襟的12针不缝，依然向上织至后脖正中时对头缝合形成领子。

6. 袖口用8号针起44针环形织10厘米拧针双罗纹后，换6号针按排花环形向上织，同时在袖腋处隔19行加1次针，每次加2针，共加4次，总长至45厘米时减袖山，①平收腋正中10针，②隔1行减1针减13次，余针平收，与正身整齐缝合。

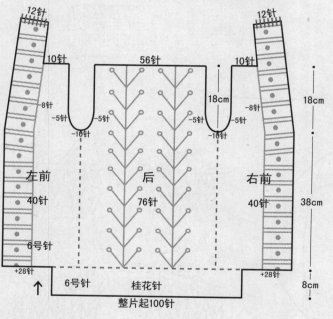

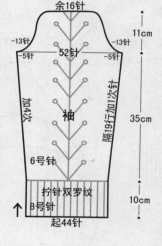

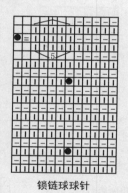

锁链球球针

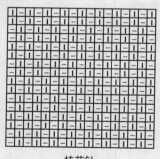

桂花针

整体排花：

12	46	1	16	1	4	1	16	1	46	12
锁链球球针	桂花针	反针	小树结果针	反针	星星针	反针	小树结果针	反针	桂花针	锁链球球针

袖子排花：

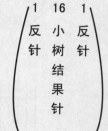

1	16	1
反针	小树结果针	反针
	26 正针	

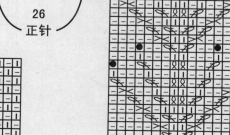

小树结果针

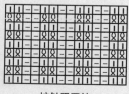

拧针双罗纹

星星针

外翻门襟开衣

*材料与用量

275规格纯毛粗线550克

*工具

6号针　8号针

*尺寸（厘米）

衣长53　袖长56　胸围88　肩宽23

*平均密度

19针×24行＝10cm²范围内

*编织简述

　　从下摆起针后往返向上织大片，两侧平加针后按排花向上直织，先减袖窿后减领口，前后肩头缝合后挑织立领；袖口起针后环形向上织，同时在袖腋处规律地加针至腋下，减袖山后余针平收，与正身整齐缝合。

*编织步骤

1. 用6号针起128针往返织10厘米拧针双罗纹。

2. 在两侧各平加20针后按排花向上织，总长至35厘米时减袖窿，①平收腋正中10针，②隔1行减1针减5次。

3. 距后脖8厘米时，将门襟处平加的20针桂花针平收，同时减领口，①平收领一侧6针，②隔1行减3针减1次，③隔1行减2针减1次，④隔1行减1针减1次。前后肩头缝合后，用8号针从领口处挑出72针往返织3厘米拧针单罗纹后收机械边形成小立领。

4. 用6号针从袖口起36针环形织10厘米拧针单罗纹后按袖子排花向上织，同时在袖腋处隔15行加1次针，每次加2针，共加5次，总长至45厘米时减袖山，①平收腋正中10针，②隔1行减1针减13次，余针平收，与正身整齐缝合。

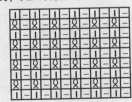

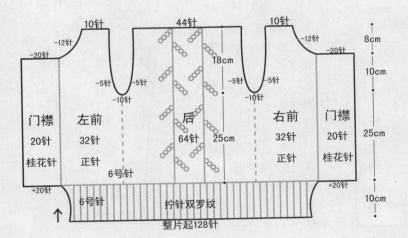

正身排花：

20	50	28	50	20
桂花针	正针	鸳鸯针花	正针	桂花针

袖子排花：

1	8	1
反针	花蕾针	反针

26
正针

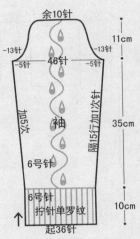

Tips

　　下摆织片，完成后，在下摆片的两侧分别平加针后向上织正身，平加针部分为门襟。

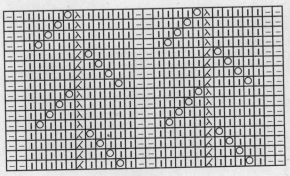

拧针单罗纹

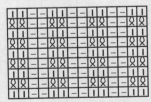

拧针双罗纹

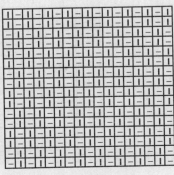

鸳鸯花　　　　　　桂花针　　　　　　花蕾针

曼妙公主上衣

*材料与用量
275规格纯毛粗线550克

*工具
6号针 8号针

*尺寸（厘米）
衣长60 袖长56 胸围73 肩宽26

*平均密度
19针×24行 = 10cm²范围内
18针×29行 = 桂花针

*编织简述
从下摆起针后环形向上织，减领口和减袖窿同时进行，前后肩头缝合后不必挑织领子；袖口起针后环形向上织，同时在袖腋处规律地加针，至腋下后减袖山，余针平收，与正身整齐缝合。

Tips
减领口和袖窿时注意肩部保留完整花纹。

*编织步骤

1. 用6号针起180针环形织20厘米桂花针。

2. 统一减至140针按排花织22厘米后减袖窿，①平收腋正中10针，②隔1行减1针减5次，余针向上直织。

3. 总长至42厘米时减领口，①平收前领口正中18针，②余针向上直织。前后肩头缝合后，用8号针从领口处挑出92针环形织1厘米拧针单罗纹后收机械边形成方领。

4. 袖口用6号针起36针环形织10厘米拧针双罗纹后按排花向上织，同时在袖腋处隔13行加1次针，每次加2针，共加6次，总长至45厘米时减袖山，①平收腋正中10针，②隔1行减1针减13次，余针平收，与正身整齐缝合。

正身排花:

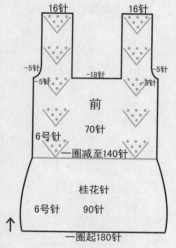
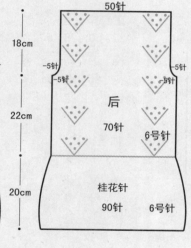

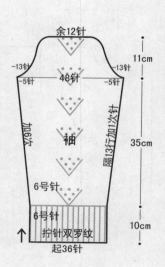

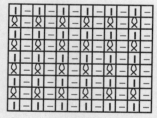
拧针单罗纹

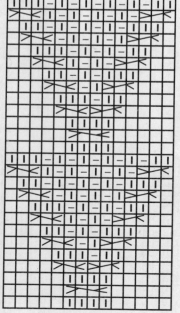

桂花针

V形花纹针

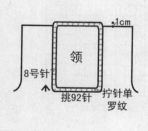

袖子排花:

拧针双罗纹

146

低领高腰毛衫

*材料与用量
273规格纯毛粗线500克

*工具
6号针 9号针

*尺寸（厘米）
衣长50 袖长54 胸围61 肩宽22

*平均密度
19针 × 24行 = 10cm²范围内

*编织简述
　　从下摆起针后环形向上织，取前片正中针目改织绵羊圈圈针并重叠挑针形成领边，同时在领边的内侧减领口针目，相应长后减袖窿，前后肩头缝合后，领边依然向上织，至后脖正中时对头缝合形成领子；袖口起针后按花纹环形向上织，至腋下后减袖山，余针平收，与正身缝合。

*编织步骤

1. 用9号针起116针环形织14厘米拧针单罗纹。

2. 换6号针改织10厘米正针后，取前片正中12针改织绵羊圈圈针，同时在其背面重叠挑出12针同样织绵羊圈圈针形成领边，并且在领边的内侧隔5行减1次针，共减9次，整个领口共减去18针。

3. 总长至34厘米时减袖窿，①平收腋正中8针，②隔1针减1针减4次。前后肩头缝合后，领片的12针不缝，依然向上直织，至后脖正中时对头缝合形成领子。

4. 袖口用6号针起39针环形织43厘米鸳鸯花后减袖山，①平收腋正中6针，②隔1行减1针减13次，余针平收，与正身整齐缝合。

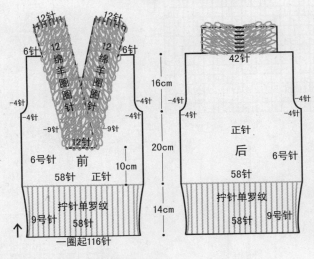

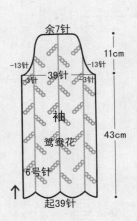

Tips
　　袖子起针后按花纹向上直织，不必在袖腋处加针。

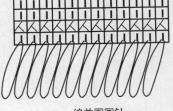

第一行：右食指绕双线织正针，然后把线套到正面，按此方法织第2针。
第二行：由于是双线所以2针并1针织正针。
第三、四行：织正针，并拉紧线套。
第五行以后重复第一到第四行。

绵羊圈圈针

拧针单罗纹

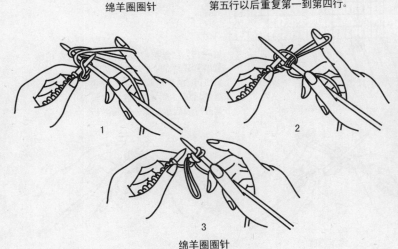

绵羊圈圈针

鸳鸯花

灯笼袖风尚披肩

*材料与用量

278规格纯毛粗线550克

*工具

6号针 8号针

*尺寸（厘米）

以实物为准

*平均密度

20针 × 24行 = 10cm^2 范围内

*编织简述

按花纹织两条围巾，并取两围巾正中16厘米缝合，同时将长围巾竖对折缝合相应长形成袖子，最后环形挑织两袖口。

*编织步骤

1. 用6号针起90针往返织桂花针。

2. 总长至108厘米时收针形成长围巾。

3. 另线起16针用6号针往返织绵羊圈圈针，总长至150厘米时收针形成细围巾。

4. 取长围巾和细围巾正中16厘米缝合。

5. 将长围巾竖对折按相同字母各缝合28厘米后形成两袖。

6. 用8号针从袖口处环形挑出所有针目，第2行时统一减至40针环形织25厘米拧针双罗纹收机械边形成袖口边。

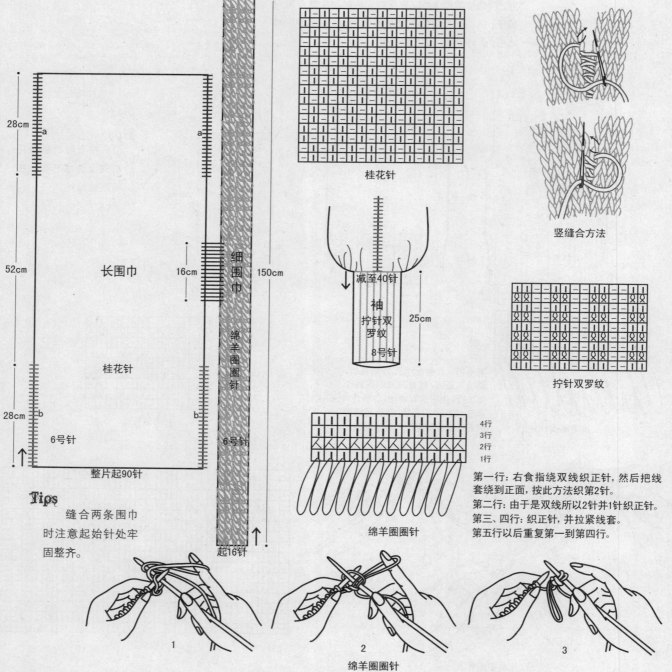

桂花针

竖缝合方法

拧针双罗纹

28cm a — — a

52cm 长围巾 16cm 细围巾 150cm

桂花针 绵羊圈圈针

减至40针

袖
拧针双罗纹
8号针

25cm

28cm b — — b

6号针 6号针

整片起90针 起16针

4行
3行
2行
1行

第一行：右食指绕双线织正针，然后把线套绕到正面，按此方法织第2针。
第二行：由于是双线所以2针并1针织正针。
第三、四行：织正针，并拉紧线套。
第五行以后重复第一到第四行。

绵羊圈圈针

Tips

缝合两条围巾时注意起始针处牢固整齐。

1   2   3

绵羊圈圈针

简洁小开衫

*材料与用量

275规格纯毛粗线450克

*工具

6号针

*尺寸（厘米）

衣长44 袖长43（腋下至袖口） 胸围84 肩宽34

*平均密度

20针 × 24行 = 10cm² 范围内

*编织简述

按图织一个不规则的"凹"形，按要求加减针后形成左右前片，分别在两肋缝合后挑针向下环形织袖子；门襟和下摆、领子等同时环形挑织。

*编织步骤

1. 用6号针起68针往返织35厘米狮子座针。

2. 取正中24针平收，左右各22针分别向上织，同时在内侧隔1行加1针加10次，加出针依然织狮子座针。

3. 总长至62厘米时，在加针的一侧隔1行减2针共减8次，每片减16针，余下的16针平收。

4. 按相同字母缝合两肋，未缝的34厘米合圈后形成袖隆口。

5. 从袖隆口挑38针环形织40厘米正针后，改织3厘米拧针单罗纹形成袖口。

6. 按图从后脖、门襟、前后下摆挑出220针环形织9厘米樱桃针后收机械边形成门襟及下摆领子等。

拧针单罗纹

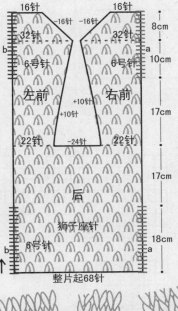

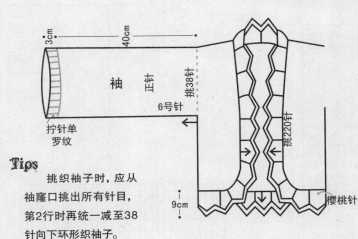

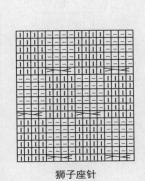

狮子座针

Tips

挑织袖子时，应从袖隆口挑出所有针目，第2行时再统一减至38针向下环形织袖子。

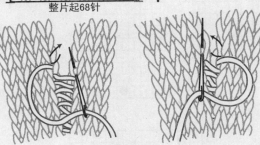

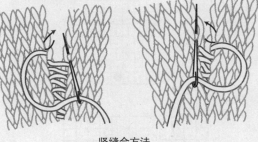

竖缝合方法

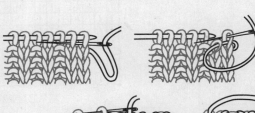

单罗纹收针缝合方法

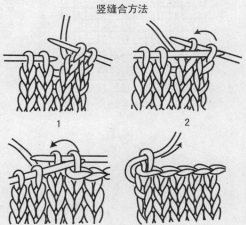

1　　2

3　　4　　收平边方法

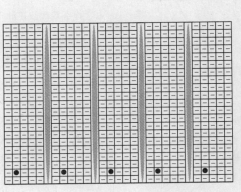

樱桃针

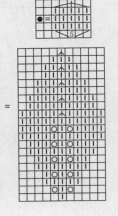

直袖皮草衫

*材料与用量
275规格纯毛粗线400克

*工具
6号针

*尺寸（厘米）
衣长44 袖长43（腋下至袖口）胸围70 肩宽40

*平均密度
20针 × 24行 = 10cm² 范围内

*编织简述
按图织一个不规则的"凹"形，分别在两肋缝合后形成背心，最后从袖窿口挑针向下环形织袖子。

Tips
缝合两肋时注意前后下摆不缝。

*编织步骤
1. 用6号针起80针往返织10厘米阿尔巴尼亚罗纹针。
2. 改织34厘米绵羊圈圈针后，取正中20针平收，左右各30针门襟，其中7针织锁链球球针，余下的23针依然织绵羊圈圈针，向下直织形成左右前片。
3. 总长至78厘米时，将左右前片改织10厘米阿尔巴尼亚罗纹针后收针。
4. 按相同字母缝合两肋，形成的两个开口为袖窿口。
5. 从袖窿口挑出38针环形织40厘米正针后，改织3厘米拧针单罗纹形成袖口。

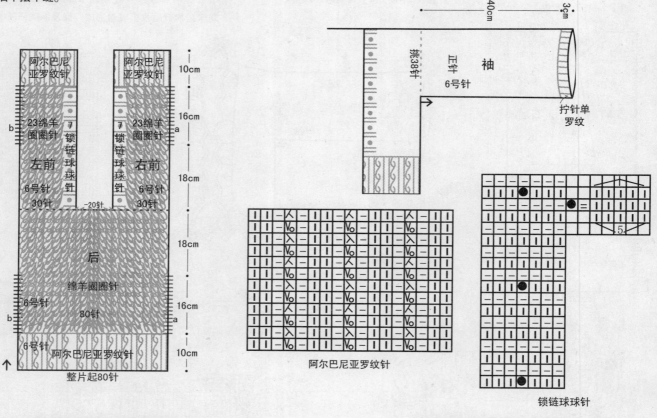

第一行：右食指绕双线织正针，然后把线套绕到正面，按此方法织第2针。
第二行：由于是双线所以2针并1针织正针。
第三、四行：织正针，并拉紧线套。
第五行以后重复第一到第四行。

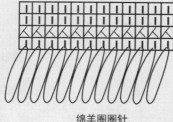

绵羊圈圈针

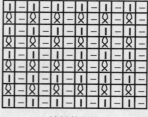

拧针单罗纹

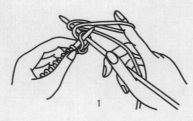

1

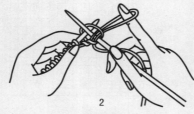

2

绵羊圈圈针

3

皮草开衫

*材料与用量

275规格纯毛粗线350克

*工具

6号针

*尺寸（厘米）

衣长42 袖长43（腋下至袖口） 胸围68 肩宽39

*平均密度

20针 × 24行 = 10cm² 范围内

*编织简述

按图织一个不规则的"凹"形，分别在两肋缝合后形成背心，最后挑针向下环形织左右两袖。

*编织步骤

1. 用6号针起78针往返织42厘米苗圃针。

2. 取正中20针平收，左右各29针分别织11针绵羊圈圈针和18针苗圃针。向上织42厘米后，将绵羊圈圈针平收，左右前片余下的18针向上织20厘米后再平收。

3. 按相同字母缝合两肋，未缝合的部分为袖窿口。

4. 用6号针从袖窿口挑出38针环形织40厘米正针后，改织3厘米拧针单罗纹形成袖口。

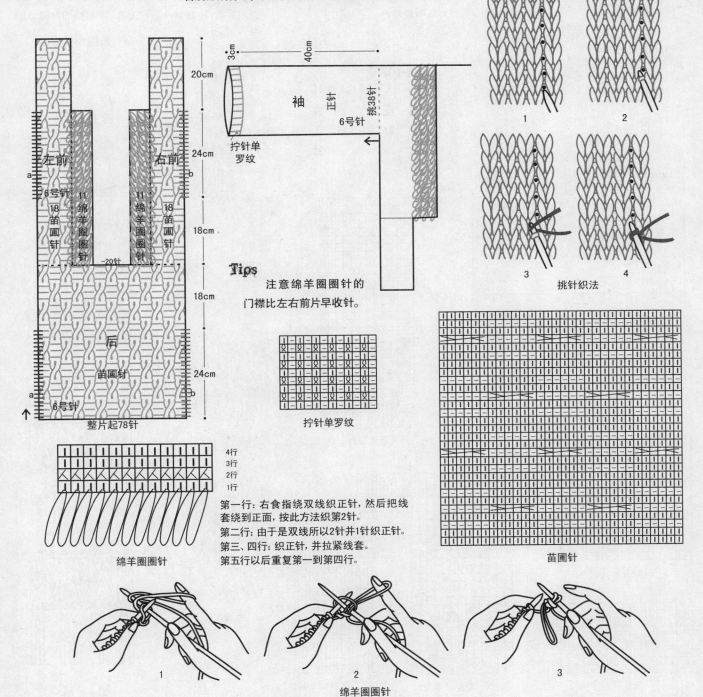

Tips

注意绵羊圈圈针的门襟比左右前片早收针。

挑针织法

拧针单罗纹

绵羊圈圈针

第一行：右食指绕双线织正针，然后把线套绕到正面，按此方法织第2针。

第二行：由于是双线所以2针并1针织正针。

第三、四行：织正针，并拉紧线套。

第五行以后重复第一到第四行。

苗圃针

绵羊圈圈针

围巾式短披肩

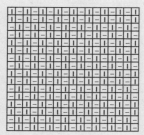

*材料与用量
278规格纯毛粗线350克

*工具
6号针

*尺寸（厘米）
以实物为准

*平均密度
20针 × 24行 = 10cm² 范围内

*编织简述
　　按花纹织一个不规则的"凸"形，依照相同字母缝合各部分后形成短袖帽衫，织一条长围巾并系好流苏，侧缝合在帽边处。

*编织步骤

1. 用6号针起120针按排花往返织32厘米。

2. 取两侧各23针平收。

3. 余下的74针里，取正中的2针做加针点，在这2针的左右隔1行加1针，每次加2针，共加8次，此时共90针。

4. 总长至35厘米时，在正中2针的左右再隔1行减1针减5次，共减去10针，余80针时按相同字母c–c竖对折从内部缝合形成帽子。

5. 按相同字母缝合a–a、b–b形成两袖。

6. 另线起31针按排花往返织一条长围巾，至100厘米后收针，在两头系好流苏，并将侧面与帽边缝合。

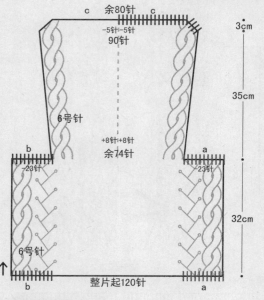

帽子排花：

10	1	52	1	10
麻花针	反针	桂花针	反针	麻花针

整体排花：

10	1	12	1	72	1	12	1	10
麻花针	反针	鱼腥草针	反针	桂花针	反针	鱼腥草针	反针	麻花针

鱼腥草针

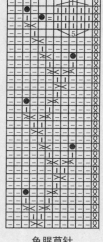

长围巾 100cm

起31针
6号针

长围巾排花：

8	15	8
星星针	菱形四季豆针	星星针

Tips
围巾与帽边缝合时注意整齐，应从同一行内进针。

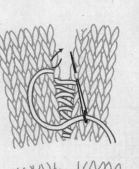

竖缝合方法

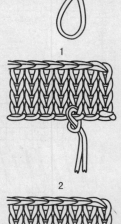

1

2

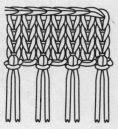

3
系流苏方法

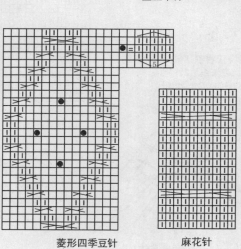

桂花针

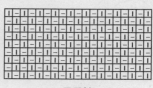

星星针

菱形四季豆针

麻花针

短摆连衣裙

*材料与用量

275规格纯毛粗线550克

*工具

6号针 8号针

*尺寸（厘米）

衣长67 袖长61 胸围67 肩宽23

*平均密度

19针 × 24行 = 10cm²范围内

*编织简述

从裙摆起针后，按规定加减针向上环形织，先减领口后减袖窿，前后肩头缝合后挑织领子；袖口起针后环形向上织，同时在袖腋处规律地加针至腋下，减袖山后余针平收，与正身整齐缝合。

*编织步骤

1. 用8号针起130针环形织3厘米星星针。

2. 换6号针加至176针织20厘米心形花纹。

3. 统一减至128针按排花向上织18厘米后减领口，①平收前领口正中34针，②余针向上直织。

4. 总长至49厘米时减袖窿，①平收腋正中10针，②隔1行减1针减5次，余针向上直织。前后肩头缝合后，用8号针从领口处挑出110针环形织2厘米拧针单罗纹后收机械边形成领子。

5. 袖口用6号针起34针环形织10厘米双波浪凤尾针后，按排花环形向上织，同时在袖腋处隔13行加1针，每次加2针，共加7次，总长至50厘米时减袖山，①平收腋正中10针，②隔1行减1针减13次，余针平收，与正身整齐缝合。

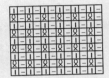

拧针单罗纹

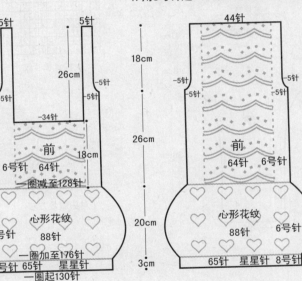

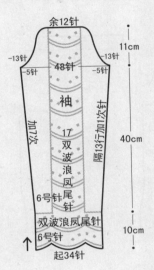

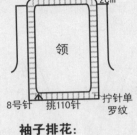

领

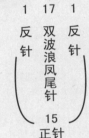

8号针 挑110针   拧针单罗纹

袖子排花:

1 17 1
反针 双波浪凤尾针 反针
15 正针

Tips

袖口用绕线起针法起针，边沿会出现自然的波浪效果。

正身排花:

1 34 1
反针 双波浪凤尾针 反针
28 正针   28 正针
1 34 1
反针 双波浪凤尾针 反针

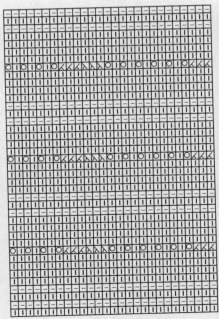

双波浪凤尾针

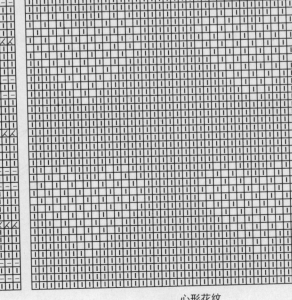

心形花纹

泡泡袖皮草上衣

*材料与用量
273规格纯毛粗线550克

*工具
6号针 9号针

*尺寸（厘米）
衣长50 袖长57 胸围63 肩宽21

*平均密度
19针 × 24行 = 10cm²范围内

*编织简述
　　从下摆起针后环形向上织，至领底时将左右领边改织拧针单罗纹，同时在其内侧减领口，减袖窿和减领口同时进行，前后肩头缝合后，领边的拧针单罗纹不缝，依然向上直织，至后脖正中时对头缝合形成领子；袖口起针后按花纹环形向上织，至腋下后减袖山并平收余针，最后与正身整齐缝合。

Tips
　　绵羊圈圈之间隔2针正针，同时圈圈的长度为3厘米。

*编织步骤
1. 用9号针起120针环形织12厘米拧针单罗纹。
2. 换6号针改织绵羊圈圈针，总长至32厘米时减袖窿，①平收腋中10针，②隔1行减1针减5次。
3. 距后脖18厘米时，取前片正中分左右片织，同时将领一侧的7针改织拧针单罗纹，并在这7针拧针单罗纹的内侧隔3行减1针，共减8次，整个领口共减去16针。前后肩头缝合后，7针拧针单罗纹不缝，依然向上直织，至后脖正中时对头缝合形成领边。
4. 袖口用9号针起48针环形织38厘米拧针单罗纹后，换6号针改织绵羊圈圈针，总长至46厘米时减袖山，①平收腋正中10针，②隔1行减1针减13次，余针平收，与正身整齐缝合。

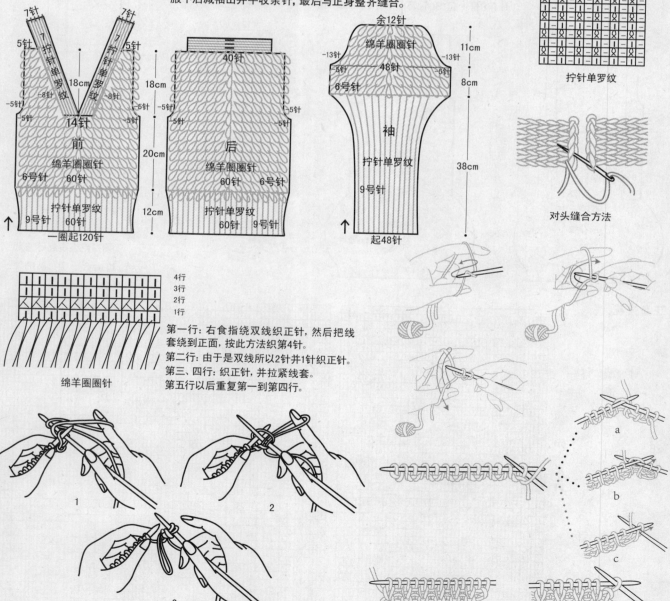

第一行：右食指绕双线织正针，然后把线套绕到正面，按此方法织第4针。
第二行：由于是双线所以2针并1针织正针。
第三、四行：织正针，并拉紧线套。
第五行以后重复第一到第四行。

绵羊圈圈针

绵羊圈圈针

拧针单罗纹

对头缝合方法

拧针单罗纹起针方法

后开叉小西装

*材料与用量
275规格纯毛粗线550克

*工具
6号针 8号针

*尺寸（厘米）
衣长56 袖长56 胸围73 肩宽25

*平均密度
20针×24行 = 10cm²范围内

*编织简述
从后下摆起针织相应长后，在两侧平加针合成整片按排花向上织，减领口和减袖窿同时进行，前后肩头缝合后，门襟不缝，向上直织至后脖正中时对头缝合形成领子；袖口起针后按花纹环形向上织，同时在袖腋处规律地加针至腋下，减袖山后余针平收，与正身整齐缝合。

*编织步骤
1. 用6号针起53针往返织13厘米星星球球针形成方片。

2. 织两个相同大小的方片后，串入一根毛衣针内形成一个完整大片，注意左右各10针共20针重叠后挑出10针，整片合成96针。

3. 在96针大片的两侧各平加25针合成146针向上按排花往返织。

4. 总长至38厘米时减袖窿，①平收腋正中10针，②隔1行减1针减5次。

5. 距后脖18厘米时减领口，①取左右各8针桂花针作为门襟，②在门襟的内侧隔3行减1针共减8次。

6. 前后肩头各取12针缝合后，门襟的8针桂花针不缝，依然向上织至后脖正中时对头缝合形成领子。

7. 袖口用8号针起40针环形织15厘米拧针单罗纹后，换6号针按排花环形向上织，同时在袖腋处隔17行加1次，每次加2针，共加4次，总长至45厘米时减袖山，①平收腋正中10针，②隔1行减1针减13次，余针平收，与正身整齐缝合。

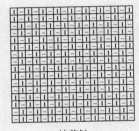

桂花针

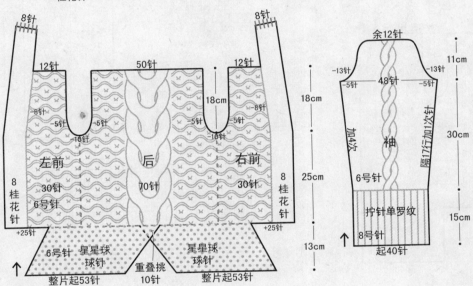

袖子排花：

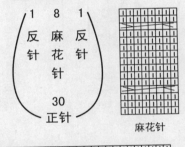

麻花针

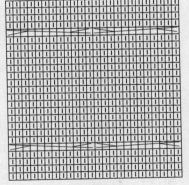

对拧麻花针

整体排花：

8	52	1	24	1	52	8
桂花针	沙滩针	反针	对拧麻花针	反针	沙滩针	桂花针

Tips
两个后下摆完成后，中间的10针重叠合在一整片内，此时共96针。

拧针单罗纹

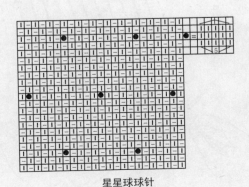

星星球球针

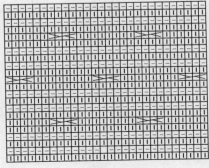

沙滩针

毛领开衫

*材料与用量

273规格纯毛粗线550克

*工具

6号针 8号针

*尺寸（厘米）

衣长63 袖长56 胸围84 肩宽29

*平均密度

20针 × 24行 = 10cm² 范围内

*编织简述

分别织两个花片，在花片的中间平加针后合成整片向上织，减领口和减袖隆同时进行，前后肩头缝合后，门襟依然向上织，至后脖正中时对头缝合形成领子；袖口起针后按花纹环形向上织，至腋下后减袖山，余针平收，与正身整齐缝合。

Tips

门襟的16针绵羊圈圈针在后脖正中缝合时注意缝合迹在内侧。

*编织步骤

1. 用8号针起48针往返织15厘米对称树叶花片。

2. 共织两个相同大小的花片后，在两个花片中间平加72针，合成168针换6号针按排花往返向上织。

3. 按排花织30厘米后减袖隆，①平收腋正中10针，②隔1行减1针减5次。

4. 距后脖18厘米时减领口，①取左右各16针绵羊圈圈针作为门襟，②在门襟的内侧隔3行减1针减10次，门襟的16针绵羊圈圈针不变。

5. 前后肩头各取9针缝合后，门襟的16针不缝，依然向上织至后脖正中时对头缝合形成领子。

6. 袖口用8号针起48针环形织25厘米对称树叶花后，换6号针改织正针，总长至45厘米时减袖山，①平收腋正中10针，②隔1行减1针减13次，余针平收，与正身整齐缝合。

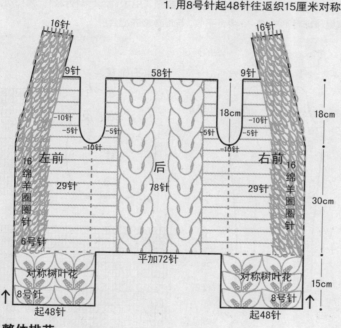

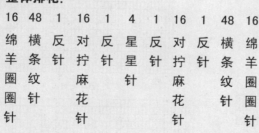

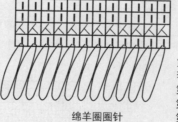

整体排花：

16	48	1	16	1	4	1	16	1	48	16
绵羊圈圈针	横条纹针	反针	对拧麻花针	反针	星星针	反针	对拧麻花针	反针	横条纹针	绵羊圈圈针

横条纹针

对拧麻花针和星星针

对称树叶花

袖 正针

6号针

对称树叶花

8号针

起48针

余12针
-13针 -13针
-5针 48针 -5针
11cm
20cm
25cm

第一行：右食指绕双线织正针，然后把线套绕到正面，按此方法织第2针。

第二行：由于是双线所以2针并1针织正针。

第三、四行：织正针，并拉紧线套。

第五行以后重复第一到第四行。

绵羊圈圈针

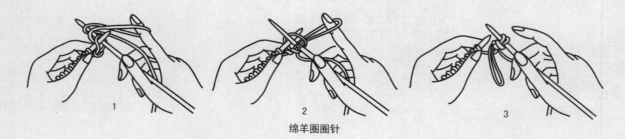

1　　　2　　　3

绵羊圈圈针

短袖花边美衣

*材料与用量
278规格纯毛粗线500克

*工具
6号针 9号针

*尺寸（厘米）
衣长55 袖长29 胸围61 肩宽22

*平均密度
19针×24行＝10cm²范围内

*编织简述
从下摆起针后环形向上织，按要求加、减针后形成收腰效果，先减袖隆后减领口，前后肩头缝合后挑织领子；短袖起针后环形向上织，至腋下后减袖山，最后平收余针，与正身整齐缝合。

带着信心，继续编织

*编织步骤

1. 用6号针起170针环形织11厘米双波浪凤尾针。

2. 统一减至116针改织15厘米菠萝针后，再改织正针。

3. 总长至37厘米时减袖隆，①平收腋正中8针，②隔1行减1针减4次。

4. 距后脖8厘米时减领口，①平收领正中14针，②隔1行减3针减1次，③隔1行减2针减1次，④隔1行减1针减1次。前后肩头缝合后，用9号针从领口处挑出88针环形织10厘米拧针单罗纹后收机械边形成高领。

5. 短袖袖口用9号针起40针环形织2厘米拧针单罗纹后，统一加至51针改织双波浪凤尾针，总长至18厘米后减袖山，①平收腋正中8针，②隔1行减1针减13次，余针平收，与正身整齐缝合。

Tips
短袖与正身缝合时注意整齐，应从前后腋下分别向肩头缝合。

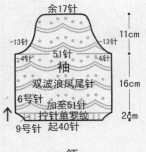

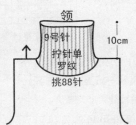

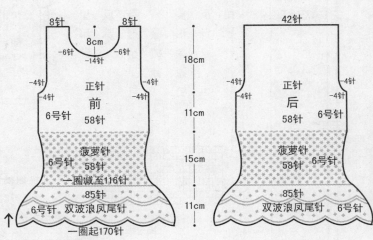

拧针单罗纹

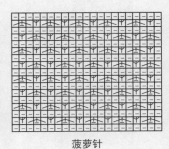
菠萝针

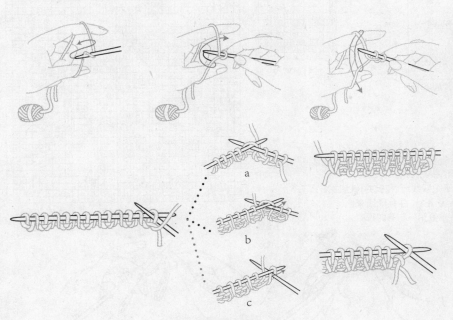

拧针单罗纹起针方法

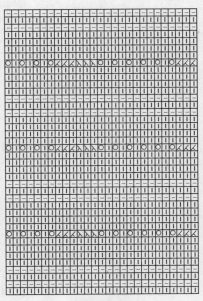
双波浪凤尾针

157

皮草时尚披肩

*材料与用量

273规格纯毛粗线550克

*工具

6号针 8号针

*尺寸（厘米）

以实物为准

*平均密度

20针 × 24行 = 10cm² 范围内

*编织简述

按花纹织一条宽围巾和一条细围巾，取两围巾正中缝合后，再将宽围巾竖对折缝合形成两袖，最后挑织两袖口。

*编织步骤

1. 用6号针起92针按排花往返织108厘米形成宽围巾。

2. 另线起30针往返织另一条细围巾，花纹每10厘米变换1次，总长为110厘米后收边。

3. 取两条围巾正中16厘米缝合。

4. 将宽围巾竖对折按相同字母缝合28厘米后形成两个袖，未缝合处为后背。

5. 用8号针从袖口处挑出40针后环形织25厘米拧针单罗纹后收机械边形成袖口边。

28cm a ────── a

52cm 后背 宽围巾 16cm 细围巾 110cm

6号针

星星针

绵羊圈圈针

星星针

绵羊圈圈针 10cm

10cm

28cm b ────── b

6号针

整片起92针　　整片起30针

宽围巾排花：

15	1	12	36	12	1	15
星星针	反针	菱形星星针	蔷薇树针	菱形星星针	反针	星星针

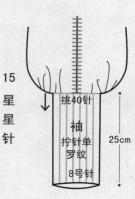

挑40针

袖
拧针单
罗纹
8号针

25cm

菱形星星针

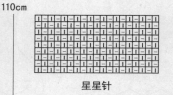

星星针

Tips

挑织袖口时，先挑出所有针目，第二行时再统一减至40针向下环形织袖口，挑针处会非常整齐。

拧针单罗纹

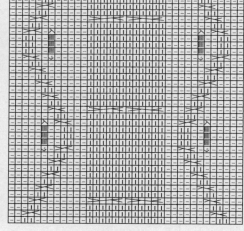

蔷薇树针

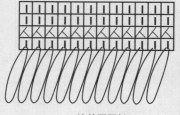

4行
3行
2行
1行

第一行：右食指绕双线织正针，然后把线套绕到正面，按此方法织第2针。
第二行：由于是双线所以2针并1针织正针。
第三、四行：织正针，并拉紧线套。
第五行以后重复第一到第四行。

绵羊圈圈针

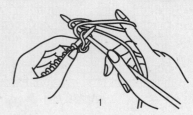
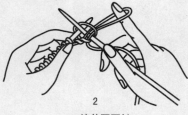
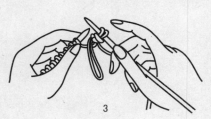

1　　　2　　　3

绵羊圈圈针

多变开衣

*材料与用量

275规格纯毛粗线550克

*工具

6号针 8号针

*尺寸（厘米）

衣长60 袖长54 胸围83 肩宽24

*平均密度

19针×24行＝10cm²范围内

*编织简述

从下摆起针后往返向上织大片，两侧平加针后按排花向上直织，先减袖窿后减领口，前后肩头缝合后挑织立领；袖口起针后直接环形向上织，同时在袖腋处规律地加针至腋下，减袖山后余针平收，与正身整齐缝合，最后挑织肩章搭扣。

*编织步骤

1. 用6号针起119针往返织20厘米双波浪凤尾针。

2. 在两侧各平加20针后按排花向上织，注意平加的20针背面花纹与正面相同，总长至42厘米时减袖窿，①平收腋正中10针，②隔1行减1针减5次。

3. 距后脖8厘米时，将门襟处平加的20针单排扣花纹平收，同时减领口，①隔1行减3针减1次，②隔1行减2针减1次，③隔1行减1针减1次。前后肩头缝合后，用8号针从领口处挑出60针往返织3厘米锁链针后收平边形成立领。

4. 用6号针从袖口起36针按排花环形向上织，同时在袖腋处隔27行加1次针，每次加2针，共加4次，总长至43厘米时减袖山，①平收腋正中10针，②隔1行减1针减13次，余针平收，与正身整齐缝合。

5. 在肩部袖与正身缝合迹挑出20针，用6号针往返织14厘米双排扣花纹后收针，并与领根处固定形成肩章搭扣。

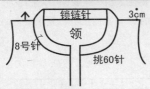

Tips

注意门襟小球球的排列，内部同样织小球球，并安排在门襟边沿。

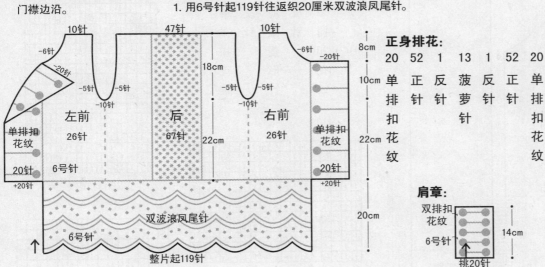

整片起119针

正身排花：

20	52	1	13	1	52	20
单排扣花纹	正针	反针	菠萝针	反针	正针	单排扣花纹

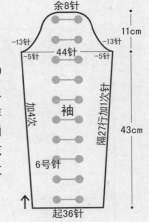

起36针

袖子排花：

1	20	1
反针	双排扣花纹	反针

14 正针

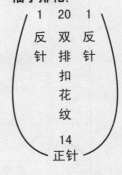

肩章：

双排扣花纹

6号针

挑20针

14cm

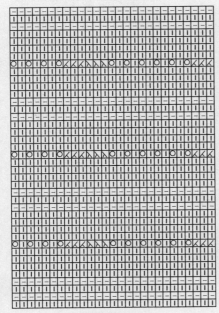

双波浪凤尾针

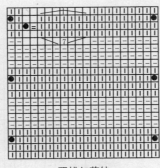

菠萝针

双排扣花纹

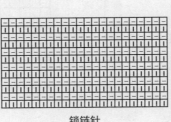

锁链针

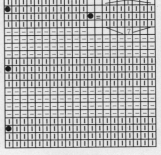

单排扣花纹

简洁围巾式披肩

*材料与用量

278规格纯毛粗线450克

*工具

6号针 8号针

*尺寸（厘米）

以实物为准

*平均密度

20针 × 24行 = 10cm²范围内

*编织简述

从披肩的右袖起针环形织，至后背分片织，最后环形织左袖；按花纹织另一条长围巾，取正中与披肩缝合。

Tips

长围巾与披肩缝合时，应各取正中的40厘米缝合，左右各余5厘米为腋部。

*编织步骤

1. 用8号针从右袖口起45针环形织10厘米阿尔巴尼亚罗纹针。

2. 换6号针统一加至80针改织35厘米宽锁链针后，再分片织50厘米形成后背。

3. 合圈织35厘米后，换8号针统一减至45针织10厘米阿尔巴尼亚罗纹针后收针形成左袖口。

4. 另线起43针按排花往返织一条长围巾，至150厘米收针后，取正中40厘米与披肩正中40厘米缝合。

长围巾排花：

13	1	15	1	13
单排扣花纹	反针	海棠菱形针	反针	单排扣花纹

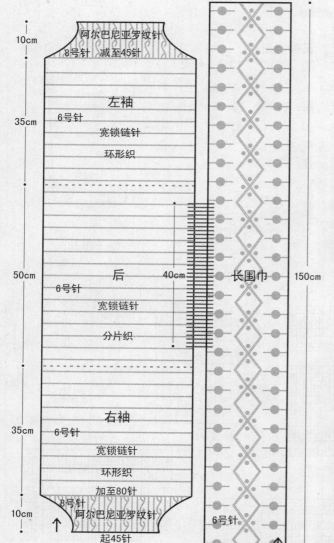

10cm

阿尔巴尼亚罗纹针
8号针 减至45针

左袖
6号针
宽锁链针
环形织

35cm

后
6号针
宽锁链针
分片织

50cm

40cm

长围巾

150cm

右袖
6号针
宽锁链针
环形织
加至80针

35cm

8号针
阿尔巴尼亚罗纹针
起45针

10cm

6号针

起43针

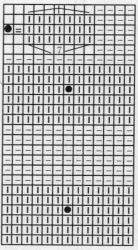

单排扣花纹

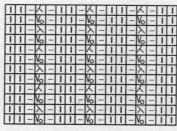

阿尔巴尼亚罗纹针

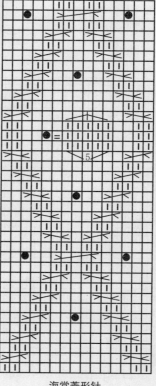

海棠菱形针

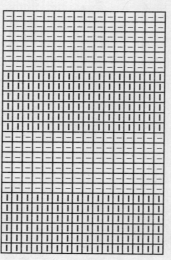

宽锁链针

围巾式多变披肩

*材料与用量
273规格纯毛粗线550克

*工具
6号针 8号针

*尺寸（厘米）
以实物为准

*平均密度
20针 × 24行 = 10cm² 范围内

*编织简述
从左袖口起针后环形织，完成左袖后改织片形成后背，最后再环形织形成右袖；从后脖挑针再平加针环形向上织高领。

*编织步骤

1. 用8号针起40针环形织20厘米拧针单罗纹。

2. 换6号针统一加至70针改织25厘米绵羊圈圈针后，以正中为界往返织片，左右各取8针织宽锁链针，中间的54针绵羊圈圈针不变。

3. 片织50厘米后，合圈织25厘米绵羊圈圈针，换8号针统一减至40针环形织20厘米拧针单罗纹后收机械边形成另一袖口。

4. 用6号针从后脖挑针处挑出50针，然后再平加出50针，合圈共100针环形织15厘米阿尔巴尼亚罗纹针形成高领。

Tips
注意高领只与后脖处连接。

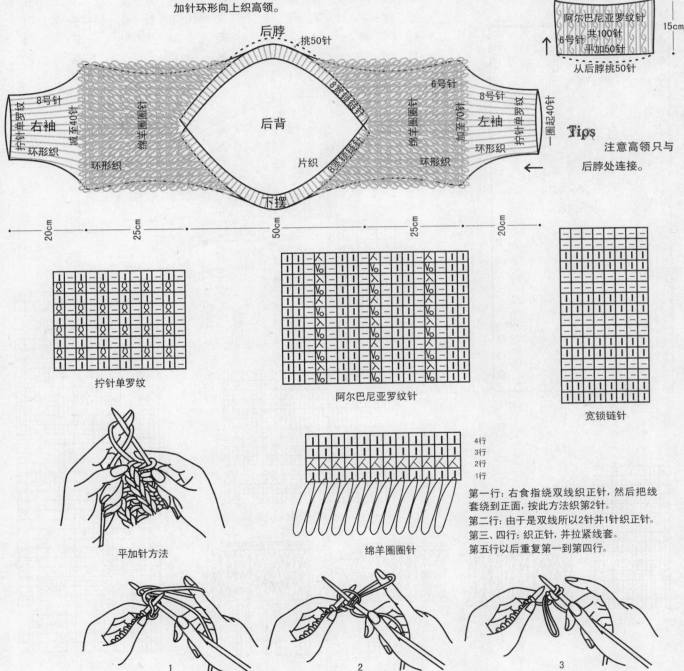

拧针单罗纹

阿尔巴尼亚罗纹针

宽锁链针

平加针方法

绵羊圈圈针

第一行：右食指绕双线织正针，然后把线套绕到正面，按此方法织第2针。
第二行：由于是双线所以2针并1针织正针。
第三、四行：织正针，并拉紧线套。
第五行以后重复第一到第四行。

1　2　3
绵羊圈圈针

161

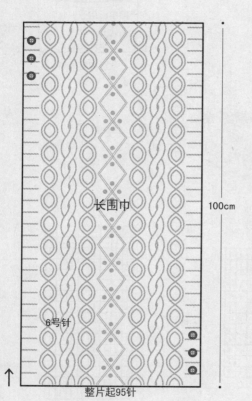

披肩马甲多变围巾

*材料与用量
275规格纯毛粗线550克

*工具
6号针

*尺寸（厘米）
以实物为准

*平均密度
20针 × 24行 = 10cm² 范围内

*编织简述
　　按排花往返织一条长围巾并缝好纽扣，最后系流苏；可变化成围巾、披肩、马甲等穿着。

*编织步骤
1. 用6号针起95针按排花往返织100厘米后收针形成长围巾。
2. 按图在两侧缝好纽扣。
3. 按图在后腰处系好流苏。

Tips

　　注意纽扣按图缝在长围巾的两侧。

长围巾排花：

8	2	8	2	8	2	8	2	15	2	8	2	8	2	8	2	8
宽锁链针	反针	八字麻花针	反针	麻花针	反针	八字麻花针	反针	海棠菱形针	反针	八字麻花针	反针	麻花针	反针	八字麻花针	反针	宽锁链针

长围巾

100cm

6号针

整片起95针

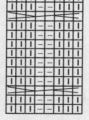

八字麻花针

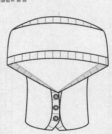

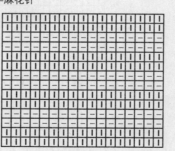

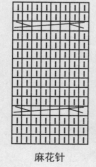

麻花针

宽锁链针

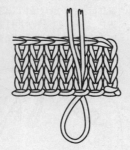

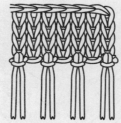

1　　　　2　　　　3

系流苏方法

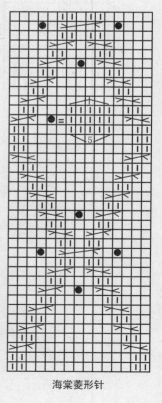

海棠菱形针

护腰披肩

*材料与用量
273规格纯毛粗线400克

*工具
6号针 8号针

*尺寸（厘米）
以实物为准

*平均密度
19针 × 24行 = 10cm²范围内

*编织简述
　　按排花织一条长围巾，竖缝合两端后形成两袖；另线起针按花纹织一个长方形片，将收针处与长围巾松缝合形成护腰；最后从披肩的两袖挑织袖口。

*编织步骤

1. 用6号针起80针往返织14厘米正针。

2. 按排花往返织52厘米后，再织14厘米正针形成长围巾。

3. 将长围巾两端14厘米处竖缝合。

4. 另线起85针往返织25厘米双波浪凤尾针后松收针，将收针处与长围巾正针一侧缝合形成护腰。

5. 从长围巾的两个袖口处挑出40针，用8号针环形织10厘米拧针双罗纹后收针形成袖口边。

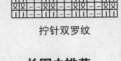
拧针双罗纹
8号针
挑40针
10cm

Tips
织护腰时注意，起针处为底边，用收针处与披肩缝合。

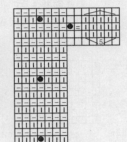
拧针双罗纹

锁链球球针

长围巾排花：

7	12	1	60
锁链球球针	菱形星星针	反针	正针

长围巾
正针
14cm a
52cm
14cm b
6号针
正针
起80针
缝合处
护腰
双波浪凤尾针
6号针
起85针
25cm

菱形星星针

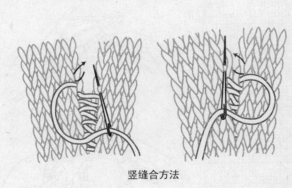
竖缝合方法

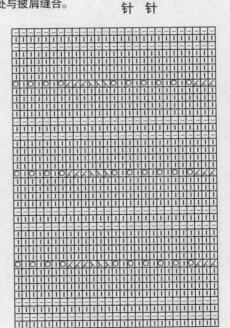
双波浪凤尾针

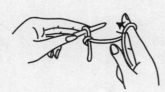

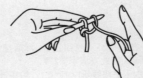

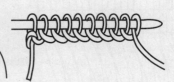

1　　2　　3　　4
绕线起针法

皮草收腰披肩

*材料与用量
273规格纯毛粗线550克

*工具
6号针 8号针

*尺寸（厘米）
以实物为准

*平均密度
20针 × 25行 = 10cm²范围内

*编织简述
按花纹往返向上织片，相应长后分三小片向上织，之后再合成大片，形成的长洞为袖窿口。合大片向上织相应长后收边形成披肩，最后从袖窿口挑针环形织短袖。

*编织步骤
1. 用6号针起171针，往返织2厘米拧针单罗纹后，改织14厘米绵羊圈圈针。

2. 不换针按排花往返向上织3厘米后，将中间的109正针分三片向上织，右前为20针，后背为69针，左前为20针。向上往返织15厘米后，再合成171针大片向上织，形成的长洞为袖窿口。

3. 合成大片后向上织12厘米正针后，将中间的109正针改织麻花针，左右的宽锁链针不变，总长至59厘米时收平织形成披肩。

4. 从袖窿口挑出40针，用8号针环形织10厘米拧针单罗纹后收机械边形成短袖。

Tips
后腰的麻花按间距要求拧针和收针，可形成自然的收腰和飞边效果。

拧针单罗纹

披肩排花：

31	109	31
宽锁链针	正针	宽锁链针

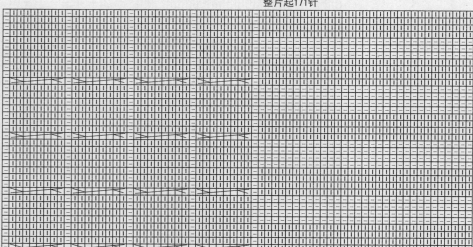

31针   后腰 麻花针   31针   13cm

宽锁链针   整片织   正针   宽锁链针   12cm

右前 20针   分三片织   后背 69针   左前 20针   15cm

袖窿口   袖窿口   3cm

整片织   绵羊圈圈针   14cm

6号针 门襟   领   门襟   拧针单罗纹   2cm

整片起171针

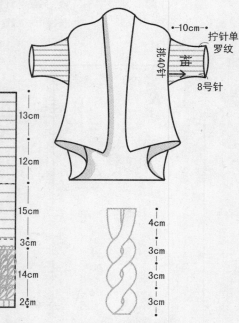

10cm   拧针单罗纹   挑40针   番   8号针

4cm / 3cm / 3cm / 3cm

后腰麻花拧针间距

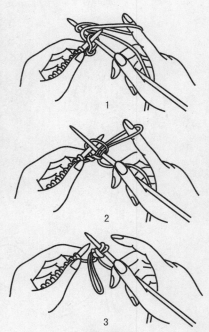

1

2

3

绵羊圈圈针

后腰麻花和宽锁链针

4行
3行
2行
1行

第一行：右食指绕双线织正针，然后把线套绕到正面，按此方法织第2针。
第二行：由于是双线所以2针并1针织正针。
第三、四行：织正针，并拉紧线套。
第五行以后重复第一到第四行。

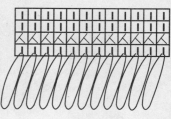

绵羊圈圈针

【时尚美衣欣赏】

以下10款服装选自王春燕已出版的作品，书名及所在页码请参看标注。

shishang

镂空修身高领衫

此款服装出自：《初学者的编织　时尚女装篇》
彩页展示：P50
织法：P118
手工毛衣价格：600RMB

shishang

浪花下摆上衣

此款服装出自：《我的美丽编织　日韩风尚系》
彩页展示：P19
织法：P116
手工毛衣价格：620RMB

★

撞色披肩

此款服装出自：《我的美丽编织　日韩风尚系》
彩页展示：P96
织法：P198
手工毛衣价格：660RMB

shishang

★ 丁香花园手套

此款服装出自：《超可爱人气毛线袜》
彩页展示：P31
织法：P92
手工手套价格：300RMB

shishang

★

斜裹韩国小衫

此款服装出自：《棒针编织　时尚毛衫》
彩页展示：封面
织法：P80
手工毛衣价格：680RMB

shishang

★ 皮草风尚高腰上衣

此款服装出自：《我的美丽编织 甜蜜情侣系》
彩页展示：P61
织法：P140
手工毛衣价格：660RMB

shishang

★ 玫瑰项绳

此款服装出自：《超可爱人气毛线袜》
彩页展示：P41
织法：P107
手工项绳价格：200RMB

喇叭袖中裙

此款服装出自：《我的美丽编织 甜蜜情侣系》
彩页展示：P17
织法：P122
手工毛衣价格：780RMB

shishang

迷人花边高领衫

此款服装出自：《我的美丽编织　日韩风尚系》
彩页展示：P8
织法：P106
手工毛衣价格：516RMB

★

雅致手包

此款手袋出自：《超可爱人气毛线袜》
彩页展示：P12
织法：P58
手工手袋：280RMB

时尚百搭

设计师：王春燕
设计时间：清晨
手工毛衣价格：800RMB
大约多少针：27000针
编织用时：10天

【一款毛衣穿出百种风格】 BAIDA SHISHANG 回头率100%

皮草收腰披肩 织法见：164 同一款毛衣巧妙搭配

No.1

甜美！

No.2

学院单纯！

No.3

柔思风情！

No.4

知性白领！

No.5

成熟稳重！

No.6

热酷女孩！

No.7

忧郁情怀！

 作品大征集

*欢迎广大编织爱好者踊跃投稿

征集说明：现面向全国征集优秀编织服装作品，请将您的作品拍照并通过E-mail发送到我们的邮箱，一经采用将出版于全国发行的编织书和杂志中，并刊登作品照片，同时赠送附有您作品的图书。

投稿E-mail：1104753734@qq.com

投稿要求：①作品须本人编织实物拍摄。
②作品要求款式新颖，设计巧妙，时尚前卫，编织精细。
③作品附一张高质量能印刷图片。
④附编织步骤。

毛衣各类污垢去除方法

如果污渍光临您心爱的毛衣。要记注，去除污物需快速！特别是羊毛！应立即清洗、干燥、用软纸吸去残留物。切记，不要用温水洗衣物上的油污或使用漂白粉，要轻轻揉搓，以免损伤纤维结构。若可能的话，洗衣前就在污处拍些凉水，否则一定要干洗。

酒水（红葡萄酒除外）——用软纸轻轻拍击，尽可能去除多余的液体，再用海绵蘸少量同等比例的温水涂擦相应部位。

香水——防止扩散，先撒些盐在上面，再用柔软刷子刷掉，最后用抹布蘸水或洗剂、酒精擦拭。

冰淇淋——可先用小刷子刷掉刚掉上的污物，然后再用毛刷蘸洗剂轻刷（小心勿刷起毛球），最后再将毛巾蘸水拧干轻轻擦净既可。

墨汁／圆珠笔油——先用蘸酒精的布擦拭，然后用白醋擦拭。

鸡蛋／奶——先涂酒精，再用稀释白醋擦拭。

牛乳／乳制品——先用蘸过热水的布轻轻擦拭，再将残留的油脂用洗剂擦拭。若还擦拭不掉，可试用酒精擦拭。当污垢清洗后，还是要送到洗衣店干洗。

化妆品／鞋油——蘸松节油或酒精去除。尤其是口红、粉底，需先用薄纸采取"摘下"的方式，轻轻擦拭，再用洗剂擦拭。口红会越擦越大，要从四周向中间轻轻擦洗。

水果／果汁／红葡萄酒——迅速用药用酒精和水的混合物（3：1）擦拭。

圆珠笔／签字笔——不同的笔有不同的拭去方法。可用植物油、擦玻璃液或擦指甲的去光液去除。

血——要迅速用湿海绵先将多余的血迹擦去，再轻轻用白醋或双氧水涂擦后，用冷水涂擦。

发霉／泥浆——等干了后，用刷子刷去，然后用吸尘器的尖嘴吸除。最后再用酒精、洗剂等完全除去。

铁锈——五金行卖的去锈清洁剂，对羊毛去锈也有效。若用醋去不掉锈垢，则试试去锈清洁剂。

黑咖啡印——可用一块蘸有同等比例的酒精和白醋混合液的布轻轻拍击污处，最后用软纸轻轻挤压吸干。

巧克力／白咖啡／茶——沿其边缘用蘸有酒精的布擦拭，然后按处理黑咖啡的步骤操作。

黄油／动物油／调味汁——先用勺子或刀将表面的油迹刮掉，再用蘸有专用干洗液的布轻涂污处。

草汁——用小块柔性肥皂或皂片轻洗或蘸药用酒精擦涂。

染发剂——可用弱碱除去。用蘸水拧干的毛巾蘸肥皂擦拭。注意！若用双氧水会使染发剂更难去掉。

尿——尽可能迅速处理。使用白醋处理前，轻轻用干海绵吸干液体，以下步骤同血迹去除方法。

蜡——要小心地用勺或钝刀刮掉残留的蜡，放上软纸将熨斗拨至低温轻轻熨。

毛线常识

美利奴羊毛：是澳毛的一种。其实澳大利亚本没有羊，它的第一头羊是1788年首批殖民者从英国带来的。当时的那只羊是用来食用而不是用来产羊毛的。1793年，约翰·麦克阿瑟从南非买了西班牙的美利奴羊来到澳大利亚。经过3年的改良养殖，于1796年培育出了适应澳大利亚气候、可产优质羊毛的美利奴羊。美利奴羊毛毛质上乘、卷曲柔软、长度匀齐、洁白光亮、弹性强度较好、防火防静电、隔热隔噪声，是毛织物的上乘原料。麦克阿瑟也因此被誉为"澳大利亚羊毛之父"。澳大利亚的美利奴羊主要有4大品种，其中萨克森美利奴羊最为名贵，专门用于生产最高档的羊毛服装。今天，澳大利亚八成以上的羊是美利奴羊，全世界五成以上的羊毛是美利奴羊毛。

国产羊毛：由于我国畜牧业的发展很迅速，新疆、内蒙、东北、山东等羊毛主产地的羊毛毛质，有了较大的改善，不少良种接近或达到国际优等羊毛的水平。国毛和澳毛，不能仅凭名称来拉开价格差距。精选的国毛，很多在价格上并不比澳毛便宜。

羊绒（专指山羊绒）：是长在山羊外表皮层，掩在山羊粗毛根部的一层薄薄的细绒。入冬寒冷时长出，抵御风寒，开春转暖后脱落，自然适应气候。羊绒只生长在山羊身上。

我国是世界上羊绒生产大国，羊绒产量占世界产量的1/2以上。羊绒的产量极其有限，一只山羊每年产无毛绒（指去除杂质后的净绒）50～80克，平均5只山羊，一年产的绒才够做一件普通羊绒衫。羊绒是动物纤维中最细的一种，自然卷曲度高，在纺纱织造中排列紧密，抱合力好，所以保暖性好，是羊毛的1.5～2倍。

羊绒的品质根据其细度、长度和色度细分。比如从色度区分，以白绒为优。

竹纤维：竹纤维又称邦博纤维、竹浆纤维，作为一种新型的纤维素纤维，以毛竹为原料，经过蒸煮水解多次提炼精制而成。竹纤维具有较高的强度和较好的耐磨性，手感柔软，染色性、透气性优良，夏季穿着竹纤维服装，使人有清凉的感觉，被称为"会呼吸的面料"。

澳毛：澳毛是澳大利亚羊毛的总称。其实澳毛不是什么新鲜东西了，十几年前，澳毛制品就出现在中国市场上。但是现在，澳毛不再作为一个卖点被特别推销，因为中国是世界上最大的羊毛制品加工国和羊毛进口国。但是由于中国的羊毛服装品牌在国际上还不够高档，卖不出太高的价格，无法消化价格高昂的原料，所以中国进口的多数是一般的澳大利亚羊毛。

仿羊绒：是由腈纶经过特殊处理，使之具有天然羊绒那种平滑、柔软，而富有弹性的手感，同时具有腈纶优良的染色性能的线，称为仿羊绒。这种产品较天然羊绒有更鲜艳丰富的色彩。但是在实际穿着中依然无法摆脱腈纶起静电的问题。

马海毛：马海毛是从安哥拉山羊身上剪下来的被毛。一般在安哥拉山羊8岁前剪取的毛，属于优质马海毛，超过此年龄，毛质较差，一般过了8岁，多数是作为食用羊处理了。马海毛的外表很像绵羊毛，但不完全相同。马海毛鳞片少而平阔，紧贴于毛干，很少重叠，具有竹筒般的外形，纤维表面光滑，产生蚕丝般的光泽，使其成衣织物具有闪光的特性。而且纤维比较柔软，牢度高，耐用性好，不容易毡化，也不容易起球，并且沾上脏物后容易洗涤。这种毛比一般的羊毛敏感，对染料有较强的亲和力，所以染出的颜色比一般的羊毛要鲜艳浓烈。我国不出产马海毛，世界上马海毛的产量也十分有限，所以它的价格较高，一般会远高于普通的羊毛。

目前马海毛在市场多见，销量也很大，但实际上都是长毛腈纶线。是用化学纤维采用比较特殊的工艺织造而成，特点是毛干不均匀，虽然分布着较长的绒毛，但是绒毛细小而弯曲，很容易倒伏，使用后也很容易粘连，光泽也较差，而且手感涩而硬，织物的保暖性差，也容易变形走样。

《织毛衣》我们的拍摄幕后花絮闪亮登场啦！☆⌒[*︿^ー)v

我们的拍摄幕后既充满了辛酸也充满着快乐，赶紧来分享一下吧~\(≧▽≦)/~啦啦啦

看这笑容，看这阳光，是不是很灿烂丫o(*≥▽≦)ツ，模特拍摄前酝酿中……

开始准备下一件拍摄，揪(*￣▽￣)y！

小编们拍摄时帮模特整理衣服。

小编们："注意发型"(○_―_○)

拍摄好紧张，赶时间呀！大家围过来帮忙遮一下，就在这里换吧！o(*////▽////*)模特好有专业精神呀！o(￣︿￣o*)[握拳！]

模特MM感激的眼神在说，小编，你真是辛苦了……(^_^)y

这么漂亮的毛衣，情愿永远过冬天……~\(≧▽≦)/~啦啦啦

给「大牌」整理衣服ING……

微笑笑得脸抽筋(*￣▽￣)y……

又一位在酝酿感情当中……(*￣︿￣)y

小编帮模特整理衣服，紧张的工作着……

参与人员：

编　　织：鞠少娟　张福利　李博爱　李万春　王秀芹　王学增　周士珍　金　虹

工　　艺：李晶晶　刘志鑫　王春耕　王俊萍　张冬秀　张冬喜　张秀云　张　森

摄　　影：高　雅　周　海

制　　作：张卫华　曾玲梓　李艳红

模　　特：高　静　杨　薇　齐　艳　曲莹莹　董　君　高丽娜　王雪丽

统　　筹：李亚林　闫小刚　张可平　彭永辉　潘世源　戴一辰　胡迎霞　郭斯敏
　　　　　刘小琳　桂　珑　王　蔷　王潇音　王佳男

图书在版编目（CIP）数据

织毛衣：日韩风 / 王春燕主编. —沈阳：辽宁科学技术
出版社，2012.8
　　（我宠爱的编织季）
　　ISBN 978-7-5381-7548-6

　　Ⅰ.①织⋯　Ⅱ.①王⋯　Ⅲ.①毛衣－编织－图集　Ⅳ.①
TS941.763-64

中国版本图书馆CIP数据核字（2012）第137370号

出版发行：辽宁科学技术出版社
　　　　　（地址：沈阳市和平区十一纬路29号　邮编：110003）
印 刷 者：辽宁彩色图文印刷有限公司
经 销 者：各地新华书店
幅画尺寸：215mm×285mm
印　　张：11.25
字　　数：200千字
印　　数：1~4000
出版时间：2012年8月第1版
印刷时间：2012年8月第1次印刷
责任编辑：赵敏超
封面设计：央盛文化
版式设计：央盛文化
责任校对：李淑敏

书　　号：ISBN 978-7-5381-7548-6
定　　价：45.00元

投稿热线：024-23284367　473074036@qq.com
邮购热线：024-23284502
http://www.lnkj.com.cn